本书获得2010年国家教育部、财政部第六批高等学校特色专业建设项目（项目编号：TS12367）资助

中学生物学知识与能力拓展系列

中外经典生物学事件解析28例

ZHONGWAI JINGDIAN SHENGWUXUE SHIJIAN JIEXI 28 LI

主　编 ◎ 刑树文
副主编 ◎ 陈佳萍

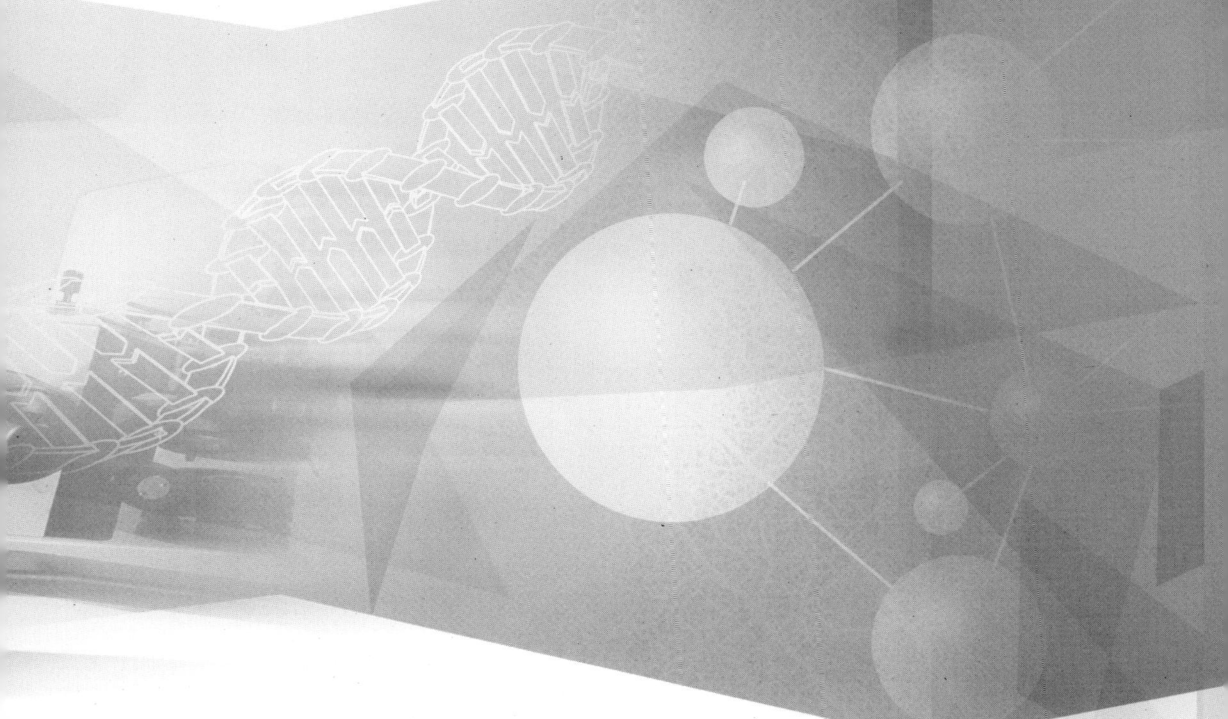

暨南大學出版社
JINAN UNIVERSITY PRESS
中国・广州

图书在版编目（CIP）数据

中外经典生物学事件解析 28 例 / 邢树文主编；陈佳萍副主编．—广州：暨南大学出版社，2015.1

（中学生物学知识与能力拓展系列）

ISBN 978－7－5668－1134－9

Ⅰ.①中…　Ⅱ.①邢…　②陈…　Ⅲ.①生物学史—研究—世界—近现代　Ⅳ.①Q–091

中国版本图书馆 CIP 数据核字（2014）第 192259 号

出版发行：暨南大学出版社

地　址：中国广州暨南大学
电　话：总编室（8620）85221601
　　　　营销部（8620）85225284　85228291　85228292（邮购）
传　真：（8620）85221583（办公室）　85223774（营销部）
邮　编：510630
网　址：http://www.jnupress.com　http://press.jnu.edu.cn

排　版：广州联图广告有限公司
印　刷：湛江日报社印刷厂

开　本：787mm × 1092mm　1/16
印　张：7.5
字　数：130 千
版　次：2015 年 1 月第 1 版
印　次：2015 年 1 月第 1 次

定　价：21.00 元

前 言

PREFACE

生物学是众多科学研究中的一个重要领域，它涵盖了动物学、植物学、生态学、农学、林学和医学等多个学科。编者搜集和整理中外生物学发展史上的重大科学事件，筛选、梳理出28位近现代生物学领域的科学家及科研工作者的经典科学研究事件，经过精心校对和编辑，撰写出《中外经典生物学事件解析28例》。本书对中外经典生物科学事件进行详细的描述，并通过对科学事件的解析和评价，追寻生物科学家及生物科学工作者科学研究的足迹，分析科学家们科学思维形成的过程，探讨科学家的科学思想和价值观，以及他们给后人在科学研究的道路上带来的启示。

《中外经典生物学事件解析28例》是结合国家教育部、财政部第六批高等学校特色专业建设课题进行编写的。现阶段，高等师范院校的培养目标是中学生物教师，而基本的生物学素养和生物科学思想是中学生物教师必备的素质。在以新课程标准引领的中学教材中，有诸多科学家发现真理的经典生物学事件，为能更好地配合中学新课程标准教学，笔者承担了本书的编写工作。期望本书的出版能为广大中学教师以及生物学爱好者提供一些有价值的参考，更期望科学家对科学研究的执着追求和奉献精神能够激励我们在学习中积极进取，增强我们为生物科学研究勇于奉献的信念，促进我们科学思维的形成。同时希望大家通过了解和学习科学家的事迹，能够继承科学家的科学思想和奉献精神，并将其发扬光大，为人类社会作出更大的贡献。

本书在编写时，对前人总结的资料重新进行查阅和编辑，并引用了其中的部分内容，这为本书的撰写奠定了基础，在此表示衷心的感谢。书中内容涉及生物学多个领域，因本人学识疏浅，难免存在不足或错误，欢迎广大读者批评指正。

编　者

2014年5月

目　录

CONTENTS

一、权威是真理的最大敌人
——促胰液素的发现

科学事件

早在1850年，著名的法国实验生理学家克劳德·伯尔纳（Claude Bernard）就曾发现酸性食糜进入小肠会引起胰液分泌，但由于学术权威和传统思想作祟，这一发现在当时并没有引起相关学者的关注。1894年，俄国巴甫洛夫实验室的生理学家道林斯基（Dolinski）在实验中再次发现这一现象。

巴甫洛夫（Ivan P. Pavlov）被认为是现代消化生理学的奠基人，他对消化生理学的贡献是非常卓越的，我国著名生理学家王志钧院士对他给予高度评价，称他为“一个从圣坛请下来的人”。巴甫洛夫是一个真正的实验生理学家，他的伟大毋庸置疑。正像他自己所说的：“我是一个彻头彻尾的实验者，我的全部生活是由实验组成的。”19世纪末叶，他和他的研究团队积20多年的创造性工作，写成了《消化腺工作讲义》这部经典著作，获得了1904年诺贝尔生理学或医学奖，赢得了世界荣誉。

在这个时期，传统的神经论为主导思想，而这也是巴甫洛夫学派特别信仰的思想。他们认为，盐酸引起的胰腺分泌是一个反射。他们原先设想，迷走神经和内脏大神经都可能是这个反射的传出神经，因为在此之前，他们发现刺激这两组神经，都能引起胰腺分泌。1896年，巴甫洛夫的另一个学生帕皮尔斯基（Popielski）对上述现象的产生机制进行了分析。他发现，在切断双侧迷走神经、双侧内脏大神经以及毁损延髓后，这个反应仍然会出现。因此他设想，在胃的幽门部可能存

小狗胰腺分泌实验

在着一个胰液分泌的“外周反射中枢”。又过了几年，帕皮尔斯基发现，即使切除了太阳神经丛，毁坏脊髓以及切去胃的幽门部，盐酸溶液仍能引起胰液分泌。因此，帕皮尔斯基于1901年被迫修正了他过去的假设，认为这是一个局部短反射，其反射弧连接十二指肠黏膜和胰腺的腺泡细胞，通过位于胰腺外分泌组织中的神经节细胞而实现局部短反射。

1901—1902 年，法国学者 Wertheimer 也独自进行了同样的生理机制分析。他的实验是这样的：将相当于胃酸浓度的盐酸溶液注入狗的上段小肠，会引起狗的胰液分泌；而直接把盐酸溶液注入狗的血管里，进入其血液循环中，则不能引起胰液分泌；中等剂量的阿托品（能阻断副交感神经）也不能消除这个反应。Wertheimer 还进行了更为关键的一步实验：他把实验狗的一段游离小肠袢的神经全部切除，只保留动脉和静脉与身体其他部分相连。在把盐酸溶液输入这段小肠袢后，仍能引起胰液分泌。但他仍然坚信这个反应是“局部分泌反射”，一个顽固的局部反射。他认为，小肠袢的神经是难以彻底切除干净的。

1902年，两位英国生理学家贝利斯（William M. Bayliss，1860—1924）和斯塔林（Ernest H. Starling，1866—1927）在研究小肠的局部运动反射时，看到了法国科学家 Wertheimer 新发表的一篇论文，Wertheimer 在论文中提出：在小肠和胰腺之间存在一个顽固的局部反射。他们对这个结论的提出很感兴趣。随即他们用狗重复了 Wertheimer 的上述实验，证实了他的结果，即放置盐酸溶液于这段切除了神经的小肠袢后，的确仍然能够引起胰液分泌。但他们深信神经已完全切除，那么，怎样解释这个结果呢？他们大胆地跳出“神经反射”这个传统概念的框框，设想这可能是一个新的生理现象——“化学反射”；也就是说，在盐酸的作用下，小肠黏膜可能产生了一种化学物质，当它被吸收入血液后，随着血流被运送到胰腺，引起胰液分泌。为了证实上述设想，斯塔林立即把同一条狗的另一段空肠剪下来，刮下黏膜，加砂子和稀盐酸研碎，再把浸液中和、过滤，做成粗提取液，

贝利斯 W.M.

注射到同一条狗的静脉中去。结果引起了比前面切除神经的实验更明显的胰液分泌。这样，就完全证实了他们的设想。一个刺激胰液分泌的化学物质被发现了，这种物质后来被命名为促胰液素（secretin）。这是生理学史上一个伟大而神奇的发现！

促胰液素被发现之后，贝利斯和斯塔林很快地意识到，他们不仅仅是发现了一种新的化学物质，还是发现了调节机体机能的一个新概念、生理调节的新机制，甚至是生理学的一个新领域，这彻底动摇了人的生理机能完全由神经调节的概念。也就是说，除神经系统外，机体内还存在一个通过化学物质的传递以调节远端器官活动的方式。为了寻找一个新词来称呼这类化学信使物质，他们采纳了同事哈代（W. B. Hardy）的建议，于1905年创造了"hormone"一词，即"激素"，该词源于希腊文"horman"，意思为"激励"。促胰液素便是历史上第一个被发现的激素。这样，产生了"激素调节"这个新概念，以及通过血液循环传递激素的"内分泌"方式，从而建立了"内分泌学"这个新领域。从此，国际上一个寻找激素的热潮开始了，也使内分泌学出现了惊人的快速发展。迄今，人们发现不论是在植物体内还是在动物体内都有激素的存在。在低等动物和高等动物体内已经发现了几十种激素，而且每年都有新的激素被发现，可见，激素在动植物体内的调节作用和生理意义是不言而喻的。

贝利斯和斯塔林发现促胰液素的论文于当年发表后，引起了全世界生理科学工作者的极大兴趣，也使巴甫洛夫实验室的工作者感到震惊。这个新概念动摇了巴甫洛夫实验室多年来奉为规章的"消化腺分泌完全由神经调节"的神经论思想，使他们一时难以接受。他们一方面力图搜集已有的证据来反驳这个化学调节理论，另一方面认真重复贝利斯和斯塔林的实验。但促胰液素的客观存在是经得起实践检验的。在促胰液素被发现前后，贝利斯和斯塔林都没有进行过消化腺分泌的研究。贝利斯应用"物理—化学"观点，发展了普通生理学概念，著

斯塔林 E.H.

有《普通生理学原理》一书，文字典雅精炼，被誉为经典著作。斯塔林的贡献则更大，主要专注在血液循环生理方面，诸如著名的“斯塔林心脏定律”等。

曾离开苏联定居加拿大的巴甫洛夫的一个学生巴布金（B. P. Babkin）在撰写巴甫洛夫传记时，有这样一段生动的描述：巴甫洛夫让他的一个学生来重复贝利斯和斯塔林的实验，巴氏本人和其他学生都静静地站在旁边观看。当提取物引起胰液分泌的现象出现时，巴氏一言不发地走出实验现场回到书房。过了半小时，他又回到实验室，深表遗憾地说：“自然，人家是对的。很明显，我们失去了一个发现真理的机会！”

事件解析

1. 爱因斯坦说过：“进入人们头脑中的权威是真理的最大敌人。”从促胰液素发现的过程中可以看出，巴甫洛夫研究团队以及法国科学家 Wertheimer 等正是由于禁锢于传统的思想，不能从客观事实出发，对科学实验研究结果不能果断地作出结论，才轻易地失去了发现一个近在眼前的真理的机会。而贝利斯和斯塔林尊重客观事实，敢于挑战权威，冲出传统观念的束缚，大胆地跳出“神经反射”这个传统概念的框架，设想这可能是一个新现象——“化学反射”，并通过努力研究和分析，从而发现了一个更加广阔的新领域，推动了科学的发展。这个事实告诉我们，一个科学的新发现，不是偶然的机遇，而是自然科学唯物主义胜利的成果。这种历史上的正反两方面的经验教训，是值得我们汲取的；这种不畏权威、冲破传统思想束缚的科研精神更是值得发扬的。

2. 贝利斯和斯塔林在“激素调节”理论研究成功之后，对他们的研究成果毫无保留，为了更好地让后人做进一步的研究和探索促胰液素的作用，从而更好地促进科学事业和人类健康事业的发展，无私地与我们共享了他们的实验成果。他们的行动告诉我们，科学绝不是一种自私自利的享乐。因此，有幸能够致力于科学研究的人，首先应该拿自己的学识为人类服务。

3. 在发现促胰液素之后，贝利斯和斯塔林并没有放弃对生理科学的进一步研究。贝利斯应用“物理—化学”观点，发展了普通生理学概念，著有《普通生理学原理》一书；斯塔林主要专注于血液循环生理方面的研究，发现了

“斯塔林心脏定律”。他们靠这种对科学研究的执着热情和奉献精神，开创了生理学研究的新领域。因此，这个科学发现的故事告诉我们，科学的发现是永无止境的，如果我们仅仅满足于昨天的成就，那么我们探索科学的脚步就只能停滞在昨天而止步不前。

4. 促胰液素的发现，使人类掀起了寻找激素的热潮，使内分泌学出现了惊人的快速发展。因此，一个科学研究的成功，会带动更多的科学工作者不断地努力探索科学秘密，会引领我们对一个或多个研究领域开始开创性地探索与研究；一个新的科学研究领域的出现，为揭示自然界及人类身体的奥秘打开了一扇天窗，会让我们看到更为神奇的世界，会让我们看到科学带给人类最美好的未来！

科学思想与启示

科学发现本身就是一场革命，新理论的诞生势必会打破传统观念，并且对权威进行挑战。在这场革命中，我们不仅要尊重客观事实，而且还要敢于摆脱传统概念的束缚，敢于质疑权威。

科学研究的重大成果都基于对科学基础知识的透彻理解和掌握，科学研究就是对研究中遇到的问题追问到底，直至彻底解决问题。科学研究要求我们要善于动手和观察科学事件发生的原因，善于对实验现象和科学研究的结果进行深入的分析。这样，才能尊重科学规律，掌握科学规律，发展科学思想。正如巴甫洛夫本人所说，“要学会做科学中的粗活。要研究事实、对比事实、积聚事实”，“问号是开启任何一门科学的钥匙”。

二、遗传学之父的发现

——孟德尔遗传定律

科学事件

孟德尔

1822年7月20日，孟德尔（Gregor Johann Mendel，1822—1884）出生在奥地利西里西亚海因策道夫村的一个贫寒的农民家庭里，父亲和母亲都是园艺家。孟德尔童年时受到园艺学和农学知识的熏陶，对植物的生长和开花非常感兴趣。

1840年，他考入奥尔米茨大学哲学院，主攻古典哲学，除此之外，他还学习了数学。1843年，他因家庭贫困而辍学，随后，21岁的孟德尔进了布隆城奥古斯汀修道院做道士。由于当地教会学校需要教师，孟德尔便被委派担任学校的希腊文和数学代课教师。因为他能专心备课，认真教课，所以很受学生的欢迎。后来，他又到维也纳大学深造。1851—1853年在维也纳大学学习期间，孟德尔受到了相当系统和严格的科学教育和训练，也受到杰出科学家们的影响，这些为他后来的科学实践打下了坚实的基础。

1856年，从维也纳大学回到布鲁恩不久，孟德尔就开始了豌豆杂交实验。孟德尔首先从许多种子商那里弄来了34个品种的豌豆，从中挑选出22个品种用于实验。它们都具有某种可以相互区分的稳定性状，例如高茎或矮茎、圆料或皱料、灰色种皮或白色种皮等。之后，孟德尔通过人工培植这些豌豆，对不同代的豌豆的性状和数目进行细致入微的观察、计数和分析。他酷爱自己的研究工作，经常向前来参观的客人自豪地说："这些都是我的儿女！"

孟德尔开始进行豌豆杂交实验时，达尔文进化论刚刚问世。他仔细研读了达尔文的著作，从中汲取丰富的知识营养。保存至今的孟德尔遗物之中，就有好几本达尔文的著作，上面还留着孟德尔的手批，足见他对达尔文及其著作的喜爱和关注。

起初，孟德尔豌豆实验并不是有意为探索遗传规律而进行的。他的初衷是希望获得优良品种，只是在实验的过程中，逐步把重点转向了探索遗传规律。除了豌豆以外，孟德尔还对其他植物做了大量的类似研究，其中包括玉米、紫罗兰和紫茉莉等，以此证明他发现的遗传规律对大多数植物都是适用的。

从生物的整体形式和行为中很难观察并发现遗传规律，而从个别性状中却容易观察，这也是科学界长期困惑的原因。孟德尔不仅考察生物的整体，更着眼于生物的个别性状，这是他与前辈生物学家们的重要区别之一。孟德尔选择的实验材料也是非常科学的：豌豆属于具有稳定品种的自花授粉植物，容易栽种，容易逐一分离计数，这便为他发现遗传规律提供了有利的条件。

孟德尔清楚自己的发现所具有的划时代意义，但他还是慎重地重复实验了多年，以期臻于完善。1865年，孟德尔在布鲁恩科学协会的会议厅，将自己的研究成果分两次宣读。第一次，与会者都是礼貌而兴致勃勃地听报告，但孟德尔只简单地介绍了实验的目的、方法和过程，这便使得为时一小时的报告让听众听得如坠云雾。

第二次，孟德尔着重根据实验数据进行了深入的理论证明。可是，孟德尔的思维和实验太超前了。尽管与会者绝大多数是布鲁恩自然科学协会的会员，其中既有化学家、地质学家和生物学家，也有生物学专业的植物学家、藻类学家。然而，听众对连篇累牍的数字和繁复枯燥的论证毫无兴趣，同时他们实在也跟不上孟德尔的思维。孟德尔用心血浇灌的豌豆实验所告诉他的科学秘密，时人不能与之共识，以致被埋没了35年之久！

豌豆的杂交实验从1856年至1864年共进行了9年。9个寒暑的辛勤劳作，孟德尔发现了生物遗传的基本规律，并得到了相应的数学关系式。人们分别称他的发现为“孟德尔第一定律”（即“孟德尔遗传分离规律”）和“孟德尔第二定律”（即“基因自由组合规律”），它们揭示了生物遗传奥秘的基本规律。孟德尔将其研究的结果整理成论文《植物杂交试验》发表，但仍未能引起当时学术界的重视。

用现代科学眼光分析，其原因主要有三个方面。

第一，在孟德尔《植物杂交试验》论文发表的7年前，即1859年，达尔文的名著《物种起源》出版了。这部著作引起了科学界的兴趣，几乎全部的生物学家都转向生物进化的讨论。这一点也许对孟德尔论文的命运起了决定性的作用。

第二，当时的科学界缺乏理解孟德尔定律的思想基础。首先，那个时代的科学思想还没有包含孟德尔论文所提出命题的相关理论基础：遗传的不是个体的全貌，而是个体的性状。其次，孟德尔论文的表达方式是全新的，他把生物学和统计学、数学结合了起来，使得同时代的生物学家很难理解论文的真正含义。

第三，有的权威出于偏见或不理解，把孟德尔的研究视为一般的杂交实验，认为和别人做的没有多大差别。

孟德尔晚年曾经充满信心地对他的好友——布鲁恩高等技术学院大地测量学教授尼耶塞尔说："看吧，我的时代来到了。"这句话成为伟大的预言。直到孟德尔逝世后16年，豌豆实验的论文正式出版后34年，他从事豌豆实验后43年，预言才变成现实。

随着20世纪雄鸡的第一声啼鸣，来自三个国家的三位学者同时独立地"重新发现"孟德尔遗传定律。1900年，是遗传学史乃至生物科学史上划时代的一年。从此，遗传学进入了孟德尔时代。

今天，通过摩尔根、艾弗里、赫尔希和沃森等数代科学家的研究，已经使生物遗传机制——这个使孟德尔魂牵梦绕的问题建立在了遗传物质 DNA 的基础之上。

随着科学家破译了遗传密码，人们对遗传机制有了更深刻的认识。现在，人们已经开始向控制遗传机制、防治遗传疾病、合成生命等更大的造福于人类的工作方向前进。然而，所有这一切都与奥古斯汀修道院那个献身于科学的修道士的名字相连。

事件解析

1. 孟德尔在进行豌豆实验的过程中，对不同代的豌豆的性状和数目进行了细致入微的观察、计数和分析。运用这样的实验方法需要极大的耐心和严谨的科学态度。态度决定一切。如果没有超人的耐心、严谨的科学态度，孟德尔怎么能坚持8年，最终发现了生物遗传的基本规律，并得到了相应的数学关系式呢？

2. 孟德尔选择的实验材料也是非常科学的。因为豌豆属于具有稳定品种的自花授粉植物，容易栽种和逐一分离计数，这为他发现遗传规律提供了有利的条件。实验材料和试验方法的选择对任何科学实验的成功与否都起着决定性的作用。为了实验的顺利进行，减少实验过程中出现的种种干扰，在实验之前要进行严谨的思考和精心的设计。

3. 孟德尔实验的成功是与他超前的思维方式和创新意识紧密联系的。工匠创新，让技术进步；学者创新，使学术升华；科学家创新，推动科技发展；政治家创新，促进社会民主；人民群众创新，推动社会进步。创新之重要，不言而喻。

4. 由于在那个时代缺乏相关的知识理论基础，所以孟德尔的论文在发表之后，并没有引起人们的重视。一个科学的研究发现是否能被大家接受，是跟一个时代科学的发展程度有关的。但是科学总是在不断地发展，理论也在不断地更新。在某个时代被大家广为接受的观点，或许以后会因为它自身的漏洞而被推翻。同样，在一个时代不被人们接受的，或许以后会因为它的合理性而被人们广为接受。事实证明，是金子总会发光。

5. 孟德尔遗传分离规律和基因自由组合规律的发现，开辟了遗传学的先端。随着科学家破译了遗传密码，人们对遗传机制有了更深刻的认识。人们已经开始向控制遗传机制、防治遗传疾病、合成生命等更大的造福于人类的工作方向前进。

科学思想与启示

追求是一个充满考验和自我提升的过程。在追求科学的道路上，不仅能够扩充我们的知识面，更重要的是能够培养我们的科学素养，提高我们对科学和探索未知的兴趣，培养我们坚忍的毅力和不畏艰险、勇于进取的精神。从而养成良好的科学态度和科学精神，学会科学研究的方法，逐步形成科学的世界观和方法论。

任何一项科学研究成果的取得，都不仅需要坚忍的意志和持之以恒的探索精神，还需要严谨求实的科学态度和正确的研究方法。脚踏实地地追求，才能让你不断进步。正如孟德尔自己所说的："不要把志向立得太高，太高近乎妄想。没有人耻笑你，而是你自己磨灭了目标。目标可以设得近点，近了，就有百发百中的把握。标标中的，志必大成。"

三、放飞梦想，成就辉煌
——麻醉剂乙醚的发现

科学事件

威廉·莫顿（William Thomas Green Morton，1819—1868），出生于美国马萨诸塞州（以下简称马州），牙科医生，世界上最早应用麻醉剂乙醚于外科手术的人。

一个世纪前，进行外科手术是极痛苦、可怕的事情。当时，科学家还没有发明麻醉剂，病人手术时要忍受极大的痛苦。为了减少痛苦，医生有时用压迫颈动脉的办法使病人休克昏迷。有时用棍棒把病人打昏，然后再开刀。但是，开刀过程中，病人会苏醒过来，痛得大喊大叫，手脚乱动，给手术带来许多不便。

莫顿是一位乡村农民兼小商店主的儿子，他在巴尔的摩牙科学院学习后，曾与韦尔斯短期合作，之后独自在波士顿开业。在1844年，他刚结婚不久，经济拮据，终日梦想能改进当时的假牙，以改善自己的经济状况。但首先遇到的一个严重问题就是需要拔去原来的坏牙和牙根，有时还需把全部的牙都拔去。在当时还没有麻醉剂的情况下拔牙，病人会疼痛难忍。他曾看见不止一个病人，没有等把牙拔完，就愤怒得大踏步地离开了他的诊所，发誓不再登门。

威廉·莫顿

鉴于此，莫顿立志一定要找到一个无痛拔牙的方法。他想，如果能找到这种方法，他就会成为波士顿最富有的牙医了。但这在当时确实还是一个梦想。他知道，几个世纪以来，人们一直在寻找无痛外科手术的方法，但都没有结果。他并不放弃，他尝试用过白兰地、香槟、阿片和催眠术，但通通都无效，反倒让病人很不舒服。这时，他意识到，既然世界上最大的科学家都未能解决这个难题，他这个学牙科仅一年半的人，恐怕是无能为力的。于是，他决定去求师。正好在离他住处不远的地方，有一位学识丰富的医生，名叫查理·杰克森（Charles Thomas Jackson，1805—1880），他不仅是一位化学家、地质学家和旅行家，而且还懂医学。莫顿想，这个人一定能教给他很多有用的知识。按当时的习惯，他就在杰克森的办公室注册，充当业余学生，在空闲的晚上与老师交谈并阅读老师的著作。有一天晚上，莫顿向老师请教如何使拔牙无疼痛的问题，杰克森建议可试用乙醚，当时人们用此药治疗哮喘病。第二天莫顿就去药房买了一瓶乙醚，在一个牙痛病人牙齿上涂抹后拔牙，虽有一定止痛效果，但作用时间很短，因为乙醚很快就气化了。后来他想最好能改为吸入法以产生麻醉效果。于是，他先在乡间岳父家将这一方法试用于捉到的松鼠和兔子，但它们一个个都被乙醚熏死了。这时他意识到，乙醚既然能致动物死，那么一定也能致人死。他害怕了，于是放弃了用乙醚麻醉的想法。

有一天，莫顿在马州总医院观看一次外科手术，使他感慨极深。那是1825 年 12 月，著名外科医生约翰·瓦伦（John C. Warren）为一个病人截去一条腿。在没有麻醉剂的条件下，除了给病人口中含上一根小木棒在疼痛难忍时使用外，只有靠医生缩短手术时间来减轻病人的痛苦了。莫顿亲眼看到这种惨痛状况，心中十分难受。他想，人类是多么需要无痛手术呀！原先幻想的无痛拔牙方法，又重新回到了他的脑子里，他决定再试一试乙醚。

他翻阅药物学教科书，了解到乙醚有多种，如氯化乙醚和硫酸乙醚。他回想自己把松鼠和兔子熏死，是否用错了乙醚？书上讲乙醚可使人产生昏迷，那么在昏迷和死亡之间是否存在尚未发现的另一种状态？于是他买了一瓶硫酸乙醚回家，趁他妻子不注意，把爱犬引到后院，将蘸了乙醚的海绵捂住犬的口鼻使它吸入，几秒钟后，犬软弱无力地躺下，失去了知觉。这时的犬不是昏迷，而是真的睡着了。他拿开海绵，用力摇动，犬渐渐睁开眼，并站起来摇摆着走路，不久即恢复了原状。这是他第一次得到较满意的实验结果。

在以后的日子里，莫顿又在几个牙科病人身上试用吸入乙醚拔牙，也都收到了效果。于是他决定在自己身上试验。他先拿手表定时，然后用手帕蘸上乙醚用鼻吸入，几秒钟后他便失去了知觉，当他醒过来后，再看表，已过了8分钟，真正是睡了8分钟，他很想拔掉自己一颗牙，但这不可能。此时，正巧来了一个牙痛病人，要求他先催眠再拔牙。莫顿说，他已找到更好的办法。于是他用手帕加上乙醚使病人吸入，然后把坏牙拔除。病人苏醒后，他故意向病人说："你准备好，现在要拔牙了！"这时病人回答说："我准备好了。"莫顿笑着说："我已经给你拔掉了！你看，这是你的牙。"病人从座椅上跳起来喊道："不可能！我一点也没有感到痛呀，真了不起，哈利路亚！"这是1846年9月30日发生的第一个无痛拔牙成功的实例。

接着，莫顿决定去找外科医生商量做大手术，如果成功了，那就是最好的宣传。于是他去找马州总医院的瓦伦医师，把自己用乙醚实验的详细情况做了报告，瓦伦同意了他的请求，决定在2周后的一个上午举行。这是一场决定命运的战斗。在手术前，莫顿又去请教了一位化学家并一同设计了一个吸入乙醚的新装置，即用一个大口瓶，把蘸了乙醚的海绵放在瓶里，瓶口有活瓣可开关，并且还准备了解毒剂。

在做手术的当日上午，莫顿和瓦伦医师都很紧张。由于事前透出风声说这次手术与往常不同，有新鲜事发生，所以，有许多哈佛医学院的学生和一些观众都来了，手术室看台上挤满了人。病人是一个年轻的油漆匠，要把颈上的一个肿瘤切除。当莫顿把口具套在病人口鼻上开始麻醉后，病人很快就睡着了。这时瓦伦医师开始手术，当切下去一刀后，瓦伦看了一下病人的脸，见病人并无异样，仍在睡眠中微笑着。当把肿瘤切去，助手缝合伤口时，病人有些苏醒，莫顿问病人疼不疼，病人说："疼？没有，像是有人抓我的脖子。"随即又进入了睡眠状态，手术即告完毕。

在手术的过程中，看台上的观众鸦雀无声，每个人都看到了眼前出现的这个奇迹，但没有一个人真的相信这是事实！手术完后，瓦伦医师对观众说："先生们，这是真的，不骗你们！"这时整个手术室内欢声雷动，大家向莫顿报以热烈的掌声，经久不息。莫顿此时一句话也说不出，只是喃喃地表示感谢。

这是1846年10月16日。

正是在这个光辉的日子里，莫顿把人类经受手术痛苦的历史划分成为两个时代，这是他不朽的业绩。马州总医院至今还妥善地保存着这一间手术厅，作为永久的纪念，供人参观。

莫顿的试验成功后，很快被用于医学实践，这消息也很快传至欧洲。在仅仅两个月后，英国著名的外科医师李斯顿（Robert Liston）用乙醚在伦敦大学学院医院，成功地进行了一次无痛截下肢手术。

不幸的是，当莫顿试图申请这项发明权的专利，期许获得一大笔奖金时，遇到了很多麻烦。他先前的同事韦尔斯和曾经给予他建议和指导的化学家杰克森都很是嫉妒，竞相与他争夺专利和奖金，三人为此不和，各不相让。其中韦尔斯后因犯有严重伤害他人罪被捕入狱，于 1848年自杀身亡。杰克森与莫顿争夺最激烈，双方诉讼持续了 20 年，最后两败俱伤。莫顿因身心交瘁，于 1868年不名一文地死去，终年仅 49 岁。杰克森也变得精神恍惚，陷于疯狂，死于1880年。杰克森最后的7年都是在精神病院里度过的。

值得一提的是，在莫顿和杰克森的墓地里，都竖有纪念碑，都高傲地宣称，在为人类减轻痛苦中，自己取得了胜利。

事件解析

1. 翻阅整个历史，像麻醉剂这样被人交口称颂的发现可谓凤毛麟角，而对人类健康有如此深刻影响的人物也屈指可数。回顾当初，外科医生锯断病人的骨头，病人疼痛难忍，撕心裂肺，失声于床。此情此景，令人毛骨悚然，不寒而栗。外科手术室的阴森可怖，不亚于魔鬼的宫殿。在19世纪时，威廉·莫顿看见病人要忍住疼痛来进行外科手术，于是他就梦想着能寻找到一种无痛进行外科手术的方法。虽然一直没有结果，但他仍然坚持着自己的梦想，并脚踏实地为之努力奋斗。在这过程中，他深知自己的不足，认识到自己学识浅薄，于是他虚心求教，成为一个很有学识的医生的助手，并且付出了更多的努力，在每个空闲的夜晚仔细阅读医学著作。同时，他善于思考，大胆想象，细心验证。虽然一开始用乙醚麻醉使实验动物致死，但由于他的善良和胸怀大义，他选择继续为人类的健康事业而奋斗。他不断反省和思考他的实验，在一个个问题中不断完善他的做法，他还以身试药，最后得到了满意的结果，完成了自己的梦想。同时，他也为人类的医疗事业作出了巨大的贡献。从这个科学事件我们可以看出，要实现一个伟大的科学发现需要做到：脚踏实地，努力奋斗；不放弃，不言败，坚持到底；不怕犯错，不惧失败，不断总结和吸取经验。

2. 遗憾的是莫顿对荣誉过于执着，反而因此失去了更多。韦尔斯和杰克森竞相与他争夺专利和奖金，最后莫顿因身心交瘁，于1868年不名一文地死去。其实一个人赤裸裸地来到这个世界，最后也会光溜溜地离这个世界而去，名利都是身外之物，只要能够尽一个人的心力，使社会上更多的人得到他工作的裨益，才是人生最愉快的事情。如果威廉·莫顿不过于追求他的美绩，继续不断地前进，相信他会有更多的成就。

3. 外科手术曾经是一件非常可怕的事情。为了做手术，有的医生用绞勒的方法使病人暂时窒息；有的则用放血或压住颈部血管的方法使病人的大脑暂时缺血而昏迷；有的干脆用一根木棒猛击病人的头顶，使病人失去知觉……这些野蛮的做法给病人带来了巨大的痛苦：有的在手术中突然惊醒，痛得大喊大叫；有的在手术后留下了脑震荡等后遗症；有的甚至因此而丧失生命。麻醉剂的发现不仅可以减轻病人的痛苦，而且在更大程度上推动了外科医学的发展。

科学思想与启示

马丁·路德·金说过：“如果你的梦想还站立的话，那么就没有人能让你倒下。”正是因为我们看见了鸟儿在空中飞翔，梦想像鸟儿一样自由搏击广阔无垠的天空，所以我们有了飞机；正是因为我们看见鱼儿在水里游弋，梦想能像鱼儿一样欢乐地遨游辽阔无际的海洋，所以我们有了船舶；正是因为我们目睹了世间万象，梦想能够超越一切，所以便有了探索自然的行动。虽然人类最初的梦想是天真的，但是人类就是在这天真的梦想中一步步从荒蛮走向文明。

在生活中，我们不怕做不到，只怕想不到。有了梦想，就可为之奋斗。尽管在追梦的道路上会遇到挫折和困难，但只要你努力了，离梦想就会越来越近。所以，相信自己，放飞梦想，并为之努力，我们就可以走得更远。

值得一提的是，科学的贡献在于对人类的奉献，荣誉是对人的肯定和赞许，是激励人类上进的动力，但一切科学研究不是为荣誉而为，而是为人类和社会的进步而为！

四、细节决定成败

——青霉素的发现

科学事件

亚历山大·弗莱明

亚历山大·弗莱明（Alexander Fleming，1881—1955），英国微生物学家。1881年8月6日出生于苏格兰基马尔诺克附近的洛克菲尔德。13岁时，随其兄去伦敦做工，一边在运输事务所当杂工，一边跟随哥哥学习一些基本的医学知识。在一个偶然的机会下，仅仅小学毕业的弗莱明竟然进入了伦敦大学圣玛丽医学院。1906年，他毕业后留在母校的研究室，帮助其师赖特博士进行免疫学研究。1922年，他发现了能消灭某些细菌的“溶菌酶”；1928年，他又发现了能杀灭葡萄球菌或防止其生长的青霉素；1945年，他荣获诺贝尔生理学或医学奖。

弗莱明的细菌实验室非常简单，仅有几张桌子，桌子上面最显眼的仪器是一台显微镜。除此之外，胡乱地堆放着各种各样的培养细菌的器皿。然而，就是在这样简陋的条件下，弗莱明发现了青霉素，成为20世纪生物学上最伟大的发现。

1927年，弗莱明的研究课题是葡萄球菌。他经常培育出一些细菌来进行观察试验。虽说培育细菌并不困难，但要培育出单一的菌种并不是件容易的事。在培育过程中总会同时出现这样那样的一些不希望出现的菌种，这对试验来说常常起到破坏作用。

1928年初夏的一天，弗莱明像以往一样，一大早就来到实验室，对培养的菌种进行常规检查。在显微镜下，弗莱明突然发现一只器皿中出现了很多绿色霉菌，而原来在它四周正常生长的葡萄球菌竟然全都不见了。弗莱明拿起这只十分普通，被污染了的培养皿仔细观察起来，他的助手见了，满不在意地说：“先生，培养基发霉已经不能用了，我来把它倒掉吧。”“不，这里面好像有文章，我还要仔细看看。这太奇怪了！葡萄球菌怎么会不见了呢？难道绿色霉菌与葡萄球菌相克？”弗莱明决定重新做一次试验。他先培养出绿色霉菌，经过一段时间之后，得到了一小瓶澄清的绿色滤液。然后他又将绿色滤液滴在长满葡萄球菌的菌丛上，几个小时以后，他发现原先长得非常茂盛的葡萄球菌已经完全消失了。

“啊，我成功了！”弗莱明验证了自己的想法之后，极为兴奋。接着他又将绿色的滤液稀释1倍、2倍、10倍、100倍、200倍、500倍，然后再逐一滴到长满葡萄球菌的培养器皿中。他发现这些稀释后的绿色滤液仍然具有杀菌的作用，甚至在稀释到800倍以后，绿色滤液的杀菌能力还没有最后消失，只是消灭葡萄球菌所需的时间比较长。

“那么这种绿色滤液对其他细菌有没有作用呢？”弗莱明又一次问自己。这种念头在脑海里一出现，弗莱明就马上着手试验。试验的结果令人非常振奋：曾经夺去许多人生命的肺炎菌，只需要八十分之一的绿色滤液就可以将其完全杀死；而当时最凶恶的链球菌，也只需百分之一的稀释液就可以令其即刻消亡。

事实证明，这种绿色滤液具有很强的杀灭细菌的功能。但对人体或动物会有毒性吗？如果有毒性，这项发现意义就不大了。弗莱明决定做一次活体动物实验来验证这个问题。

他用注射器将一筒滤液注射到兔子的血管里，然后观察兔子的反应。过了一段时间，他发现兔子并没有死去，而且没有出现任何不良反应。这充分表明这种滤液没有毒副作用。

这样，青霉素（弗莱明在确认这种霉菌是一种青霉菌之后，选定了这个名字）是否就是他长期以来一直在寻找的天然抗生素？它是可敷在伤口上的有效杀菌剂吗？进一步的试验表明，这种抗生素作用缓慢，且很难大量生产。他的热情也随之凉了下来。在他转向其他研究项目之前，弗莱明在1929年发表的一篇论文中介绍了自己的上述发现，但当时这篇论文并未引起人们的重视。弗莱明在论文中提到青霉素可能是一种抗霉素，仅此而已。他没有开展观察青霉素治疗效果的系统试验。他给健康的兔子和老鼠都注射过细菌培养液的过滤液——进行青霉素的毒性试验，但从未给患病的动物注射过，从而错过了开辟青霉素应用研究领域的机会。

事件解析

1. 巴斯德曾说过：“在观察的领域中，机遇只垂青那个有准备的头脑。”一个普遍被人们认为是菌体污染导致的异常实验结果，弗莱明却给予了重视，他凭借着敏锐的观察力和深邃的洞察力，发现了绿色霉菌可以消灭葡萄球菌的现象，他对实验中每一个现象进行细微的观察，并通过验证，才有了青霉素的发现。一次偶然的探索，让弗莱明在科学的研究上取得了重大的成就，为人类科学的发展作出了巨大的贡献。其实，许多新领域下的重大科学发现，都是偶然的，具有难以预见性。当然，这些心理因素在这里只提供了一个机会，并不是发现的全部，但它毕竟起到了启动的作用。因此，捕捉机遇，要具备三个重要的条件：一是具有敏锐的观察力；二是具有缜密的思维和深邃的洞察力；三是对问题锲而不舍的科学探索精神。

2. 遗憾的是，因在进一步试验的探究过程中，弗莱明发现这种抗生素作用缓慢，且很难大量生产，导致他放弃了进一步开展青霉素应用研究的工作。如果当时他继续进行这方面的试验，这种“神奇药物”很可能就会提早10年问世。这就是科学，也许真理就在你伸手可及的地方，关键在于你是否能把握住它！

3. 正所谓“兴趣是最好的导师”，钱恩和弗罗里正是在兴趣的指导下，对弗莱明的研究成果做了进一步研究，最终使青霉素能够大量生产，拯救了千百万肺炎、脑膜炎、脓肿、败血症患者的生命，并及时抢救了许多的伤病员，为人类社会的发展作出了巨大的贡献。

科学思想与启示

丰硕的科学研究成果源于积极求知的态度和锲而不舍的追求，科学研究的道路上是没有一帆风顺的，能否在研究之路上愈挫愈勇，直接关系着科研的成败。正如弗莱明所说的“研究者熟悉失望和失败，但是，如果好好地进行分析，失败往往是有益的。它有助于取得成功”。弗莱明告诉我们一个道理：任何一个人在成长的道路上都会遇到困难和挫折，甚至屡屡失败，但是失败会推动成功更早地到来。

作为年轻一代的我们，在学习掌握好科学知识以外，还要善于抓住机会，具备敏锐的观察力、深邃的思维、敏锐的洞察力和对问题探究到底的科学探索精神，这才是科学研究成功的先决条件。

五、勤奋与坚持，是成功的秘钥

——人痘接种术的发明

科学事件

天花，作为一种瘟疫，严重摧残着人类的生命。面对天花的无情侵袭，中国古代的医学家为征服天花，进行过各式各样的努力和探索。中国古代的医学家们充分发挥灵感和智慧，在“以毒攻毒”的思想指导下，发明了人痘接种术。

人痘接种术在相当长的一段时间里，只在我国民间秘密流传。1661年，随着因得过天花而继承皇位的康熙执政，人痘接种开始从民间走进皇宫，种痘术开始在全国得以提倡和推广，甚至通过各种渠道开始传播到世界各地，很快就引起其他国家的注意与仿效。

1718年，英国贵族梅丽·惠特尼·蒙塔古夫人在土耳其旅行时听说，土耳其人把症状轻的天花患者的疱疹液故意接种到自己的身上，接种后就会患轻度天花，却因此而获得了免疫力。梅丽夫人相信这种做法，并给自己的孩子接种。

18世纪60年代以后，接种人痘在英国以及整个欧洲变得日益普遍。

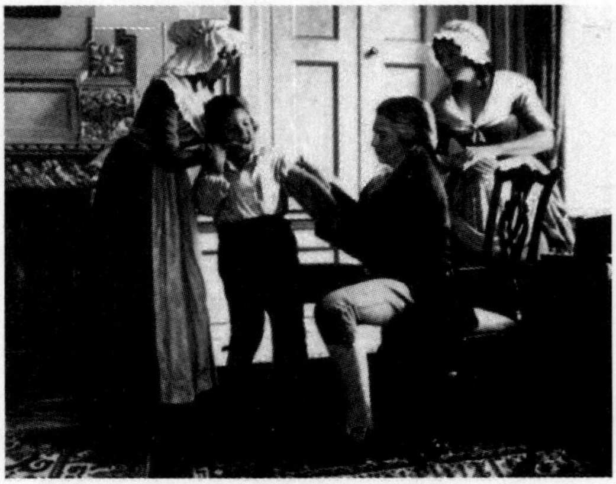

人痘接种术

1770年，21岁的琴纳来到伦敦，跟随著名的医生约翰·亨特继续深造。1773年，完成学业的琴纳谢绝了亨特的挽留，从伦敦回到家乡伯克利开起了诊所。伯克利终于有了自己的医生。由于琴纳医术高明、医德高尚，因此，他的名声迅速传开，有许多病人不顾路途遥远，从外地慕名而来。

琴纳开设医院后不久，就对防治天花产生了兴趣。虽然人痘接种保护了许多人的生命，但被接种的人仍然有2%的死亡率，尤其是儿童，他们的危险性更大。童年时代接种人痘的痛苦和恐怖，给琴纳留下了不可磨灭的记忆。长大后看到周围的人得了天花，轻则瘢痕累累，重则双目失明甚至丧失生命，这更深深地刺痛了他，也促使他决心要找到一种更好的预防天花的方法。

卢德洛医师看到自己的学生这么有出息，从心里为他感到高兴。经老师的推荐，格洛斯特医学会接收琴纳为会员。这样，琴纳可以参加医学会组织的学术研讨活动，在活动中提高水平、扩大视野。琴纳的卓越医术也得到同行们普遍的尊重。

但是，不攻克天花，他就不会有片刻安宁。他也知道，要证明牛痘和天花的联系，必须做大量的调查研究。如果广大同行能共同努力，那么这项工作就会容易很多。因此，在医学会的一次例会上，琴纳把自己深思已久的想法告之于同行。但是，没等琴纳把话说完，那些平素和琴纳关系极好的医生们，突然都换下了友好的微笑，一个个用嘲笑来挖苦琴纳。他万万没有想到这样一个严肃的话题，竟这样被埋葬在放肆的哄堂大笑中了。

传统的习惯势力蒙蔽了人们的眼睛，使他们裹足不前。琴纳意识到，靠与医学会的同行们合作，看来是指望不上了，这项伟大的使命只有自己单枪匹马地进行了。琴纳此时不得不相信“真正的上帝是自己”这句话的含义。

为了搜集一切有关牛痘与天花的材料，琴纳不辞劳苦地走访大小牧场，调查牛痘发病的情况，并把牛痘的不同发病阶段做了详细的描述。几年过去了，伯克利没有流行天花，牧场主由于采取了卫生措施，牛痘也发生得比较少，因此琴纳的调查没有多大进展。但不久，一件不可思议的发现使这项研究发生了转机。

事情是这样的：邻近的潘金斯先生染上天花，脓疱溃烂，生命垂危，而潘金斯太太未得过天花，因此无法照看患病的丈夫。琴纳让她请人帮忙。潘金斯太太请到一位年轻的挤奶女工。这是一位眉清目秀、皮肤洁白的姑娘，显然也未受过天花的侵扰，为防万一，琴纳提出不能让她来护理病人。但这位姑娘得意地说：“先生尽管放心，我得过牛痘，是不会染上天花的。以前曾照顾过好几个天花患者，从来没被传染过。”尽管如此，琴纳仍不敢大意，他整日守候在病人床前，为患者，也为年轻的挤奶女工捏了一把汗。

事情的结局让人喜出望外：尽管潘金斯先生满脸都是难看的疤痕，却终于摆脱了死神的威胁；而日夜护理他的年轻姑娘也安然无恙，依旧是那样美丽动人。

这件事留给琴纳的印象太深刻了。后来，琴纳试着给5位曾得过牛痘的牧工做了天花脓液的接种，他们都没有感染上天花。琴纳向医学界宣布：牛痘对天花确实具有某种免疫力！但是，保守的医学会根本无视琴纳的发现，甚至因为他的试验要开除他的会籍。幸亏有卢德洛老师为其主持公道，才不至于使琴纳的处境更为艰难。

琴纳深知，要改变同行的偏见，必须要拿出更有说服力的证据。因此，这位有着执着追求的年轻人，没有屈服于同行的嘲笑和排挤，而是全身心地投入到攻克天花的战斗中去了。

在琴纳处境艰难的日子里，卢德洛和亨特两位导师始终给予他鼓励和勇气，而妻子凯瑟琳又给他以家庭的温馨。凯瑟琳理解并支持丈夫所从事的崇高事业。婚后不久，他们有了一个又白又胖的男孩。劳累一天的琴纳回到家中，逗逗可爱的小宝宝，疲劳一扫而光，虽是辛苦但也乐在其中，但灾难也在悄悄逼近。当宝宝刚满一岁半时，村里闹起了可怕的天花，且大有蔓延之势。坏消息几乎天天都有，不少孩子因此夭折了。难道就眼睁睁地看着灾祸的降临吗？琴纳心急如焚，凯瑟琳更是愁容满面。如果牛痘真能预防天花，那该多好啊！为了可爱的小宝宝，也为了成千上万的其他孩子，琴纳决定在自己儿子身上进行接种牛痘的试验！

琴纳飞奔牧区，但真不凑巧，附近的几个牧区最近均未发生牛痘。难道真是天要绝人吗？怎么办？

“那就用猪痘或羊痘，它们不也都长痘吗？”妻子凯瑟琳表现出的勇敢和果断，连琴纳都大吃一惊。

要知道这是第一次，失败是完全可能的，如果一旦失败，后果不堪设想。但是，没有

爱德华·琴纳

试验，怎么会有成功呢？当然这种代价也许太大了。但琴纳还是纵身上马，直奔农场，从猪肚子底下取下一点脓液，然后小心翼翼地接种在儿子的胳膊上。几天来，琴纳和凯瑟琳的心都悬在了嗓子眼上，他们昼夜观察儿子的变化和反应。一开始，儿子接种的地方长出了小小的脓疱，像牛痘也像猪痘，并伴有轻微发烧。几天后，孩子退烧了。一切符合琴纳过去观察的情况。儿子还是像过去一样活泼可爱。

但儿子是否具有免疫力呢？要证明这一点，必须再给孩子接种天花脓液，这样做显然是要承担风险的，但琴纳信心十足，他给孩子接种了从天花患者身上取下来的脓液。

成功了！儿子对天花脓液几乎没有反应。人类用牛痘预防天花的试验走出了第一步！

琴纳当然没有止步。为了掌握证据确凿的资料，他不停地走访牧区，弄清了牛痘和其他皮肤病的区别，从而排除了卢德洛老师当年所说的“牛痘患者也会感染天花”的情况。同时，他又在附近村庄为几个孩子做牛痘接种，而他们均经受住了天花蔓延的考验。

反对琴纳的医生们意识到他们将要受到的冲击，就掀起了反对琴纳的浪潮。他们组织流氓和无赖骚扰他的住宅，散发传单破坏他的声誉，但所有这些，都没有阻止琴纳坚定有力的步伐，他还是一如既往地继续研究。找他接种的人也越来越多。此时，他已摸索出了一整套切实可行的技术措施，研究出了用羽毛管保存育苗的好办法。1798年，琴纳完成了《牛痘的起因与结果》一文，向全世界医务工作者宣布了他的发现和发明。儿时的心愿、少时的追求、20多年的心血和努力终于结出了硕果。

琴纳的理论经过艰难曲折的道路之后逐渐被人们承认了。刚开始是伦敦的一些开明医生试用牛痘接种，后来，欧洲乃至整个世界都接受了牛痘接种法。牛痘接种一时成为人人瞩目的重大新闻！报纸上赞扬性的文章接二连三，琴纳的名字走进了千家万户，琴纳被誉为伟大的科学发明家及人类生命的拯救者。他的声望和成就是那样辉煌，就连不可一世的拿破仑都称他为“伟人”。从此，人类再也不用害怕天花的肆虐了，千千万万的母亲也不用担心天花会夺走她们的孩子了。当然，琴纳开创的牛痘接种的意义，不仅在于它消灭了一种严重威胁人类的疾病，还在于它在免疫学领域的科学研究中闯出了一条新路。

1823年1月26日，这位伟人走完了他的光辉历程与世长辞。但他永远活在世界人民的心中，我们不会忘记这位为人类的幸福与安宁而苦苦求索的人！

事件解析

1. 在日常生活和工作中，我们时刻与问题相伴。我们每一个人都生活在“问题”之中，关键是我们如何发现和解决问题。当天花的盛行给每一个患者带来痛苦和恐慌时，琴纳注意到了这个人们尚未解决的问题，并深入研究。这个问题的发现是琴纳走向成功的第一步。其实，问题是一切发明与创新的起点。善于发现问题是科学精神的重要体现。问题是人们对现状、实践、知识背景的分析与思考的源泉，问题的产生需要研究那些需要讨论并加以解决的矛盾、疑点和难处。只有发现了问题，才能引起人们的好奇心，从而激发他们对科学探索的兴趣，并引发一系列的科学探索和科学发现；也只有提出了问题，才能找到并抓住制约事物发展的关键点，用有效的技术发明创造，通过科学技术的不断提高来实现人类征服自然力量的扩大。

2. 河蚌忍受了沙粒的磨砺，坚持不懈，终于孕育出绝美的珍珠；顽铁忍受了烈火的炽炼，坚持不懈，终于炼成锋利的宝剑。一切豪言壮语皆是虚幻，坚定信念才是踏向成功的基石。琴纳在下定决心要找到一种更好的预防天花的方法之后，他以顽强的精神对牛痘研究了20多年，最终他的付出也有了回报。“绳锯木断，水滴石穿”，这个道理我们每个人都懂，只是很少有人做得到，琴纳向我们证实了坚持就是胜利。

3. 科学的真理一开始往往掌握在少数先觉者的手里。琴纳刚开始提出牛痘和天花有着密切联系的时候，很多医生嘲笑他、挖苦他、反对他。但琴纳丝毫不退缩，就算只有一个人也要为维护真理奋斗一生，于是他向传统和权威发起了挑战。而这一切都源于他以救死扶伤为己任的人生宗旨。琴纳面对保守者的阻挠和反对时，面对流氓和无赖的骚扰时，面对铺天盖地的污泥浊水时，他选择了面对和迎接挑战，用但丁的话说就是：“走自己的路，让别人去说吧！”

4. 面对琴纳的新发现，当时同行的医学界人员心存怀疑，但是他们并没有留心去验证，他们回应琴纳的只是一味地嘲笑和排挤，甚至采取不正当的行为对琴纳进行攻击。当今的社会上也存在着这样的现象，人们都是过分地崇拜权威，而对一般人的发现总是抱着不屑的态度。难道，真理就永远只属于权威？其实，真理的发现需要的是一颗真诚的心和一种崇高的精神，它与权威之间，永远画不上等号。

5. 琴纳为了实现自己最初的梦想，二十多年始终辛勤地付出着。文学家说，勤奋是打开文学殿堂之门的一把钥匙；科学家说，勤奋能使人聪明；而政治家说，勤奋是实现理想的基石。总而言之，勤奋是补拙益智的催化剂，是通向成功彼岸的桥梁，是自学课堂里的老师，是人生航道上的灯塔。勤奋属于珍惜时间、爱惜光阴的人，属于脚踏实地、一丝不苟的人，属于坚持不懈、持之以恒的人，属于勇于探索、勇于创新的人。

6. 自从人类普遍采用种痘术以后，天花发病率普遍下降，天花狂魔逐步被制服了。自1977年10月26日，联合国卫生组织在索马里发现最后一例天花后，仍在世界各地，特别是在规定地区如索马里、埃塞俄比亚、肯尼亚、吉布提、也门阿拉伯共和国等处监测至今，都没有发现人们传染天花的情况。1980年，联合国曾在内罗毕庄严宣告："天花已经在世界上绝迹。"有趣的是，世界卫生组织还特设立1 000美元的悬赏，凡是辨别出一例天花患者的人，就可得到这笔奖金。令人欣慰的是，至今还没有人捧走这笔奖金，但愿以后也永远没有人得到这笔奖金。

科学思想与启示

人类科学技术的进步历史向我们揭示了科学的发现、技术的发明均是始于问题的发现。发现问题后，抓住矛盾的关键、潜心研究，才能不断向成功靠近。科学研究的过程不仅仅是对研究者个人能力和思维的考验，更是对其综合素质的考验，在追求真理的过程中往往要敢于打破常规、挑战权威，就像但丁所说："走自己的路，让别人去说吧！"

每个人都会有自己的梦想，每个人都想要拥抱成功。但是，又有多少人能够在追求梦想的道路上经得起各种考验，用自己的理智和毅力努力付出，坚持到最后呢？

六、维生素：生命之门

——维生素 B_1 的发现

科学事件

艾克曼

艾克曼（Christian Eijkman，1858—1930）出生于荷兰。1883年毕业于阿姆斯特丹大学，后到爪哇、苏门答腊等东印度洋群岛服役，任军医。两年后，因当地湿热的气候使他上岛不久就染上了疟疾 。

艾克曼经过一段时间的休养，身体有所恢复后就去了柏林找著名的微生物学家科赫学习微生物学。在这里，艾克曼遇到了佩克尔哈林。由于佩克尔哈林很欣赏艾克曼，诚挚地邀请艾克曼和他一起去完成政府给出的任务。他提到了一个艾克曼并不陌生的病——脚气病，此次任务就是为了找到导致脚气病的细菌，目的地便是爪哇岛。就这样，1886年，艾克曼再次踏上了爪哇岛的土地。

脚气病和“脚气”并非同一种疾病。这种病来势凶猛，患者起初往往腿部不适（因此得名脚气病），严重的可导致心脏衰竭而死亡。脚气病在亚洲发病率较高，当时，荷兰从未爆发此病，士兵们都是到印尼以后才患病的。尽管荷兰是当时世界上医学较发达的地区之一，但荷兰的医生们依然对此疾病的治疗束手无策。

当时科学界对脚气病病因的主流猜测有两种：一种说法是脚气病是由微生物引起，是一种感染性疾病；另一种说法是此病是由化学毒物引起的中毒。细菌致病说在当时占主流，而脚气病发病是周期性的，只在特定地区发生于特定的气候和天气条件下，而且患者腿部有肿胀，这些症状都指向了细菌感染。

佩克尔哈林希望找到致病菌，从而攻克这个疾病。经过 8 个月的工作，他觉得自己的研究成果已经部分验证了自己的设想，即将大功告成，于是很快就带着成果返回荷兰，留下艾克曼一个人管理实验室。

艾克曼同样认为佩克尔哈林前期的研究已经很完备了，但是为了完成全部的探索工作，他需要重复一下之前的实验。于是他继续实验，将细菌培养物和从患病动物身上抽取的血液注射给健康动物，观察结果。不过在接种之后，艾克曼等了又等，那些狗和兔子却并未表现出任何生病的迹象。直到它们老死，都没有表现出脚气病的症状。

重复了几次都是类似的情况，艾克曼开始觉得佩克尔哈林的实验大概存在问题。但他并未多想，只是认为大概这种感染在兔子和狗身上的潜伏期太长了，得换其他动物。于是物美价廉的鸡成了他的新宠。

新一轮实验依然从注射“菌液”开始，但依旧很不顺利。一开始，不管是否接受注射，小鸡都会出现一种叫作多发性神经炎的状况，这和人类的脚气病很相似。可为什么没接受注射的小鸡也会得病呢？艾克曼认为是患病的鸡把健康的鸡传染了，于是就把它们隔离开来。但接下来的实验结果丝毫未变，小鸡们还是全部病倒了。艾克曼想，这下坏了，整个实验场所都被污染了。于是他新开辟了一块做过无菌处理的场地，把一部分小鸡转移到那里。

这时，最奇怪的事发生了：还在原实验地点饲养的患病鸡一夜之间全部好转，新实验地的鸡也没有再发生患病和死亡现象。这简直似神怪所为。本来的嫌疑人一下拿出了过硬的不在场证明，所有线索都断了。实验陷入僵局。

训练有素的侦探是不可以轻易放弃的，现在至少排除了一些可能，艾克曼重新把所有可能的细菌来源一一想过：鸡棚、饮水、鸡食……鸡食？艾克曼的助手想起了一件事。有段时间，这位助手从实验室隔壁的军队医院讨剩饭来喂给小鸡吃。后来医院换了位吝啬的新厨师，不再给他提供剩饭，小鸡们才又重新开始吃饲料。而它们吃剩饭的时间段恰恰和全体小鸡发病的时间段完全吻合。

多年以后，在领取诺贝尔奖的感言中，艾克曼幽默地说：“他（指新厨师）认为，不该把军方的米饭喂给民用的鸡。”

艾克曼重新思考了整个实验流程，提炼出了一个关键词“银皮”。它指捣去水稻的外壳后覆盖着米粒的内层膜。带银皮的米就叫“糙米”。经过碾磨，银皮会被去除，这样的米就是“精米”。现在思路基本清晰了，是糙米和精米的区别导致了脚气病。银皮中含有某种东西，吃了它小鸡就健康，没吃它小鸡就得病。

艾克曼此时的结论是，致病菌存在于精米中，而银皮含有可以抑菌的因子。他甚至从银皮中发现了这种水溶性的因子，取名“脚气病病菌解毒剂”。不过，这只是艾克曼心中的副产品，他的工作重心还是放在“缉拿凶手”上。不过结果令人沮丧：他总是能在犯罪现场发现替天行道的“侠客”，但“凶手”却始终“活不见人死不见尸”。这到底是为什么？

这不能怪艾克曼，维生素这个概念到20世纪初才建立，19世纪末的艾克曼深陷于细菌感染的世界，发现不了“凶手”也便不足为奇了。不巧，这时倒霉的疟疾又来骚扰，艾克曼再无心力继续研究，只能再次回荷兰休养。

这是1896年，这次离开后，艾克曼再也没回来过。

老“侦探”暂时引退，自然有新生代“侦探”登场，爪哇岛的实验室迎来了新主人——格林斯。对于脚气病病因这件事，格林斯大胆地想到了一个推翻前面全部假设的简单主意：逻辑上讲，这事儿有两种可能，一是分别存在致病细菌和抑菌因子，二是只存在一种健康必需品——既然“凶手”一直缺席，那么也许它并不存在。

显然，这个想法等于宣称艾克曼从前的“缉凶行动”只是一场一相情愿的游戏，这其中，自始至终都只有护卫健康的“侠客”一人而已。好在格林斯并没有避讳挑战前辈，艾克曼也不是固执己见的老古董。书信往来中，因荷兰适宜的气候滋养而重获健康的艾克曼逐渐认同了格林斯的想法。两人后来共同发表了一篇论文，提到精米中缺少一种对健康来讲不可或缺的物质，缺乏此物质可致脚气病或多发性神经炎。这是1906年，距离维生素概念正式提出尚有6年时间。

后来的若干年中，经过若干人的努力，治疗脚气病的那种水溶性活性成分最终被分离纯化，并得名硫胺。维生素家族中的第一位成员——维生素 B_1 终于露出真容。

其实不光是爪哇岛的荷兰人，世界的其他地方也有不少“侦探”在做着类似的工作，他们甚至早于艾克曼就已将其锁定于食物。

亚洲的这项研究应该具有某些优势。日本海军医生高木兼宽在1884年就发现米饭有问题。当然，他错误地认定此病是由于缺乏蛋白质所致，于是力排众议让海军将士吃麦饭（糙米饭）及更多种副食来防病——这招儿还真管用，他还因此获赠一个闪亮的封号：麦饭男爵。

有个荷兰人则发现了牛奶抗病的妙用。他认为牛奶里一定有些东西，是除蛋白质、脂肪、无机盐以外的生存必需品。这已经极其接近维生素的概念了，可惜他并没有把实验继续下去。这个人不是别人，正是佩克尔哈林！不过，真正创建维生素概念的人倒也没能从他的实验中获得启发，因为他当时只用荷兰语写了一篇文章，别国科学家都看不懂——会一门外语是多么重要啊！

这些只是小插曲，艾克曼最伟大的贡献在于，他的动物验证实验打开了整个维生素世界的大门。后人正是循着他的足迹，建立动物对照模型，控制饮食成分，才完成了后来所有维生素的分离与确认。说起维生素的发现史，艾克曼常是第一个被提及的人，他能与另一位伟大的人物分享1929年的诺贝尔生理学或医学奖也毫不意外——那刚好是他去世的前一年。

事件解析

1. 机遇只垂青有头脑、有准备的人。高木兼宽虽然找到了一种有效的预防脚气病的办法。但是，并没有进一步研究脚气病的产生原因。艾克曼对脚气病刨根问底，发现了导致脚气病的真正原因，为维生素的发现作出了突破性的贡献。

2. 科学问题对于科学研究具有重要的定向和指导作用。如果提出的科学问题的应答域是错误的，即问题的答案不在所设定的应答域之内，科学研究将会劳而无获。这正是艾克曼进行了 2 年的艰苦研究，还是没有找到引发脚气病的致病菌的原因。

3. 科学的发现是一个知识不断积累、认识不断深化的过程。只有善于学习和鉴别，对已有的结论去粗取精、去伪存真，有选择地继承和发展，才能进行创造和创新。艾克曼没有用固有的逻辑去研究问题，也没有因为专家认为脚气病是一种细菌引起的传染病而放弃自己的想法。他用自己独特的思维方式和敏锐的观察力，发现了导致脚气病的真正原因，为人类最终发现维生素作出了重大贡献。

4. 优越的环境犹如那成功路上盛开的鲜花，没有它们，或许这一路会少了些许的美丽，但并不影响你去探索真理。条件是成功的一个重要因素，但并非是决定因素，只有献身科学、不为名利、刻苦探索才能获得成功。科学发现可以在尖端，也可以在平凡中，关键是要不懈地努力去探索、去发现。如果当时霍普金斯只是埋怨条件的艰苦、时间的不足，只是去争职称，只是去教学，而不是积极地去创造条件，刻苦地努力探索，那么他就不会去进行研究，就不会发现维生素，也就不会获得诺贝尔奖。

5. 科学的研究是一个漫长的过程，需要带上耐心一步步小心翼翼地前行。从脚气病到细菌，从细菌到毒素，从毒素到维生素的发现，正是找到问题、提出假设、否定假设、再提出假设，循环往复，科学研究基本模式生动再现的过程。

科学思想与启示

科学的研究是考验和磨炼的过程。在科研的过程中，我们不仅要拥有扎实的科研知识基础、正确的科研方法，还要有端正的科研态度、崇高的科研精神。

攀登科学高峰，就像登山运动员攀登珠穆朗玛峰一样，要克服无数艰难险阻，懦夫和懒汉是不能享受到胜利的喜悦和幸福的。

七、开启微观世界的天窗
——显微镜的发明

科学事件

列文虎克

1590年前后，眼镜制造匠人詹森最早发明了显微镜。他发明的显微镜是用一个凹镜和一个凸镜做成的，制作水平较低。詹森虽然发明了显微镜，却并未发现显微镜的真正价值，也就是说并没有把显微镜应用到科学试验中。也许正是因为这个原因，詹森的发明并没有引起世人的重视。时隔90多年后，显微镜又被荷兰人列文虎克研究成功了，并且开始真正地用于科学研究试验。关于列文虎克发明显微镜的过程，也是充满偶然性的。

列文虎克(Antony van leeuwenhoek，1632—1723)，1632年出生于荷兰的德尔夫特市，他父亲去世得早，在母亲的抚养下，只读了几年书，16岁即外出谋生，过着漂泊艰苦的生活。后来返回家乡，在德尔夫特市政厅当了一位看门人。虽然他从没有接受过正规的科学训练，但他是一个对新奇事物充满强烈兴趣的人。1648年，列文虎克到阿姆斯特丹一家布店当学徒。一次，他从朋友那里听说，在荷兰最大的城市阿姆斯特丹的眼镜店里可以磨制放大镜，用放大镜可看清肉眼看不见的东西。他对这个神奇的放大镜充满了好奇心，但又因为价格太高而买不起。从此，他经常出入眼镜店，认真观察磨制镜片的工作，暗暗地学习着磨

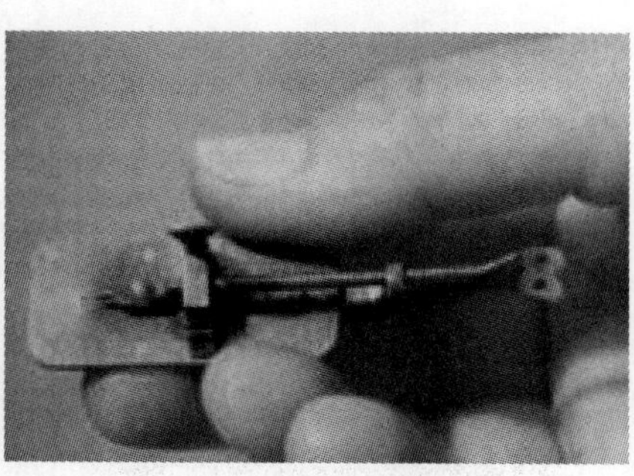
列文虎克设计的显微镜

制镜片的技术。

功夫不负苦心人。1665年，列文虎克终于制成了一块直径只有 0.3厘米的小透镜，并做了一个镜架，把这块小透镜镶在架上，又在透镜下边装了一块铜板，上面钻了一个小孔，使光线从这里射进而反射出所观察的东西。这样，列文虎克的第一台显微镜成功了。由于他有着磨制高倍镜片的精湛技术，所以他制成的显微镜的放大倍数，超过了当时世界上已有的任何显微镜。

列文虎克并没有就此止步，他继续下功夫改进显微镜，进一步提高其性能，以便更好地去观察了解神秘的微观世界。为此，他辞退了工作，专心致志地研制显微镜。几年后，他终于制出了能把物体放大300倍的显微镜。

列文虎克制作的显微镜大显神威的时机来了，也正是这次改进，让列文虎克的发明在以后的科学研究中得以广泛的应用，并取得一个又一个重大的科学成果。1675年的一个雨天，列文虎克从院子里舀了一杯雨水用显微镜观察。他发现水滴中有许多奇形怪状的小生物在蠕动，而且数量惊人。在一滴雨水中，这些小生物要比当时全荷兰的人数还多出许多倍。此后，列文虎克又用显微镜发现了红血球和酵母菌。就这样，他成为世界上第一个微生物世界的发现者，被吸纳为英国皇家学会的会员。

显微镜的发明和列文虎克的研究工作，为生物学的发展奠定了基础。利用显微镜可以发现，各种传染病都是由特定的细菌引起的。这就促使了抵抗疾病的健康检查、种痘和药物研制的成功。

显微镜是人类伟大的发明之一。在它发明出来之前，人类对于周围世界的观念局限在用肉眼，或者靠手持透镜帮助肉眼所看到的东西。而显微镜把一个全新的世界展现于人类的视野中。人们第一次看到了数以百计的“新的”微小动物和植物，以及从人体到植物纤维等各种东西的内部构造。显微镜还有助于科学家发现新物种，有助于医生治疗疾病。

事件解析

1. 詹森虽然是发明显微镜的第一人，却并没有发现显微镜的真正价值。而列文虎克是一个对新奇事物充满强烈兴趣的人，经过他的不懈努力，最终成功研制了高性能的显微镜。“一花一世界，一叶一菩提”，用心观察，即使最寻常的事物也会化为“神奇”。在远古时代，先人们仰望星空，探斗转星移的奥秘，品云卷云舒的风采；现在，我们通过望远镜与另一个星球招手，通过显微镜感知微观世界。可以说，如果没有能帮助我们更好观察的工具，好奇心也会闭上心房的窗，落满灰尘。真正的好奇心需要思考，真正的好奇心不是猎奇，它的存在不是为了以平庸或愚昧的心态去践踏真理。它的存在需要观察者的双眼来定位，需要思考者的头脑来彰显其价值。有了这样的好奇心，困难才会得以排解，人类才会得以进步。

2. 列文虎克有着磨制高倍镜片的精湛技术，他制成的显微镜的放大倍数，超过了当时世界上已有的任何显微镜。但为了更好地去观察、了解神秘的微观世界，他并没有就此止步，他继续下功夫改进显微镜，进一步提高其性能。最终他制出了能把物体放大300倍的显微镜。过去属于历史，所以，不管你的过去是痛苦不堪，还是灿烂无比，请不要沉迷于过去、缅怀过去。一时的失败并不等于永远的失败，也不能扼杀所有的希望。同样，一时的成功也并不意味着永远的成功。我们不能整天躺在小小的功劳簿上。人生有顺境，也有逆境。身处顺境时，不要忘了居安思危；身处逆境时，不要忘了自强不息。只有这样，我们才能立于不败之地。

3. 没有谁与生俱来就带着上帝给的光环。每一个生命的降落都一样的神圣，也一样的平凡。奢华的环境并不是你通往成功之路的台阶，生命的硕果要靠自己的努力去换取。列文虎克从没接受过正规的科学训练，但是他的坚持、他的努力，最终给自己的梦想画上了完美的句号。不要抱怨自己没有能力，不要抱怨时代和社会没有给自己优越的条件。带着耐心，带着对梦想的坚持，勇敢地去追求，每一个人都会找到上帝给的光环。

4. 显微镜是人类伟大的发明之一。它把一个全新的世界展现在人类的视野里。人们第一次看到了数以百计的“新的”微小动物和植物，以及从人体到植物纤维等各种东西的内部构造。显微镜还有助于科学家发现新物种，有助于医生治疗疾病。

科学思想与启示

科学的脚步永远不会停止前行，若想要成为一个成功的科研者，必须不因挫败而沮丧，不因成功而沉迷。朝着最初的志向不断前行，你才能达到新的高度。列文虎克说：“立志是一件很重要的事情。”工作随着志向走，成功随着工作来，这是一定的规律。立志、工作、成功是人类活动的三大要素。立志是事业的大门，工作是登堂入室的旅程，这旅程的尽头就有个成功在等待着，来庆祝你努力的结果……优越的环境并不只是通往成功之路的唯一台阶，即使身处逆境，只要坚持不懈、努力奋斗，也能尝到成功的硕果。因此在生活中，当我们事事顺心的时候不要忘记前进的脚步，要居安思危；当我们处处碰壁的时候不要气馁，要努力奋斗，这样才能立于不败之地。

八、忘我奉献的“心”路人生
——心电图仪器的发明

科学事件

威廉·艾因特霍芬

荷兰生理学家威廉·艾因特霍芬因对心电图学的开创所作出的无与伦比的贡献而被誉为“心电图之父”，并于1924年获诺贝尔生理学或医学奖。

威廉·艾因特霍芬是西班牙犹太人的后裔。1860年5月21日出生在前荷兰东印度群岛的爪哇岛（现今的印度尼西亚），父亲是爪哇岛中北岸海港三宝垄市部队医院的一名医师。

威廉·艾因特霍芬在6岁时丧父，4年后其母亲带着她的6个孩子搬迁到荷兰的乌得勒支市。1878年威廉·艾因特霍芬进入乌得勒支大学攻读医学，继承父业。在学校时曾受到生理学教授 Frans Dondens 的很大影响。1885年毕业获医学博士学位，同年被任命为荷兰莱顿大学生理学 教授 Heynsius 的接班人。其研究范围涉及眼、呼吸器、神经、生物电以及遥控技术等，他一直在莱顿大学工作，直到1927年9月28日因患癌症逝世。

威廉·艾因特霍芬最初的研究也是应用 Lippmann 毛细管静电计记录的，但由于他制作的技术粗糙、记录的波形也不够理想，所记录的图形只有心室波（称为 V_1波和 V_2波）。后来，威廉·艾因特霍芬对其研究的记录仪经过精心地改造后使其记录的图形增加了新的波形，可以看到心房波，记录到的心电图波群从2个波增加到4个波，被命名为 A、B、C、D 波。但因静电计中水银柱的惯性和摩擦力影响了所记录的图形，他仍感到不满意 。他决心对仪器再次进行改进。由于受到物理学进展的限制，当时还没有生物电放大器，所以，他尝试用一种数学矫正法，虽然使图形变得清楚了一些，但这种方法较为烦琐，可操作性较差，不适合临床广泛应用。功夫不负有心人，经过艰苦卓绝的努力，1901年，威廉·艾因特霍芬设计的弦线式电流计问世，图形稳定，波形相对清晰，为了与以前的图形区别，他将记录到的心电图波形分别标记为P、Q、R、S、T波，第二年，又在T波后记录到另一波，取名为U波。威廉·艾因特霍芬于1902年对心电图各波的命名一直沿用至今。1903年，他首次发表了关于“一种新的电流计”的论文，并获得了广泛承认。这不是这项伟大工作的结束，而恰恰是一项巨大工程的开始。最初心脏电流记录技术的名称有很多，Waller最早用“Telecardiogram”，也有的称为“Cardiogram”，自威廉·艾因特霍芬提出“Electracardiogram ”后，心电图这个名字就最终被采用为专有名词了。心电图的问世，对心律失常、心脏电活动的形成、心脏特殊传导系统的深入研究起了决定性作用。之后，他继续对弦线式电流计进行改进，先后设计了多种型号。1906年，他首次记录了心房颤动的心电图、室性期前收缩的心电图等。威廉·艾因特霍芬也一直在研究导联的标准化工作，1906年，他提出双极导联的概念和等边三角形学说，立即得到公认。1908年，他发表了关于“心电图新认识”的论文，阐述了他记录心电图的临床经验，进而消除了其他人对他工作抱有的怀疑态度。为了推广使用心电图技术，威廉·艾因特霍芬一直在寻求有实力、信誉好的公司生产心电图机，1908年由剑桥公司承担生产，直到30年代初弦线式被电子管、晶体管的放大器替代。威廉·艾因特霍芬发明的弦线式心电图机由Cohn在1909年首次带到美国，在美国引起轰动，并以意想不到的速度在美国普及。

威廉·艾因特霍芬不仅为科学作出了巨大贡献，也是真正科学家高贵品格的典范和榜样。他曾在一次演讲中提到英国电生理大师lewis时说：“如果没有他的工作，我坚信我们对心脏电生理工作的兴趣不会像今天这样高涨，我怀疑如果没有他有价值的贡献，我是否有权利站在你们面前演讲！”在威廉·艾因特霍芬成为举世闻名的教授之后，在接待访客或在会议期间与其他科学家相聚时，不论对方的年龄和职位如何，他总是非常友好，以礼相待。威廉·艾因特霍芬的强烈责任感使他成为当时唯一从不缺席学院会议、皇家科学院例会的著名学者，他的这种习惯一直坚持到他最后患病时。威廉·艾因特霍芬在莱顿大学医学院担任过教务长和院长，在一次演讲中回顾了电生理特别是心电图的发展及意义，但他没有提到这些工作大多数是在他的实验室完成的。威廉·艾因特霍芬还常常感谢他的技术员 Vander Woerd，称他是技术与智慧极高的助手，心电图的发明问世与他的功绩是分不开的。因此，1924年，他还将诺贝尔奖奖金的一半赠送给已去世的技术员的亲属。他在诺贝尔获奖演讲结束时说：“心脏病的科学进入了新的篇章，它不是靠一个人的工作，而是依靠许多天才的科学家，是他们超越了任何政治藩篱，潜心钻研的成果。他们在世界各地，为了科学的进步，为了达到造福于深受疾病折磨的人类的目标，贡献了全部的精力。”他总是把众人的功绩放在第一位，把自己看成是战斗队中的一个成员。

威廉·艾因特霍芬在晚年仍然忘我地工作着，像许多科学家一样，他重视生命的质量而不是持续的时间，不顾身体的消瘦、体力的衰弱，他仍然努力地工作着。他曾预感到自己体力不支，1922年在给女儿的信中他提到“估计我的时间不会太长了，在 70 岁之前我会病得很重，病残或死亡”。他的预感没有错，67岁的他因腹部肿瘤而逝世。临终前他拍摄了几张珍贵的照片留给后人，实际上他是留下了一种永恒的科学精神。威廉·艾因特霍芬无愧于“心电图之父”的称谓，无愧于诺贝尔奖的荣誉，无愧于全世界对他的崇敬。高尚的品质是一把金钥匙，可以帮你打开通往成功之路的门。

事件解析

1. 威廉·艾因特霍芬最初的研究技术粗糙、波形记录不理想，所记录的图形也较少，但经过他不断的研究和改造，终于研制出了弦线式电流计，随后经过不懈的努力，研发出了多个型号的心电图仪器，为后来的科学研究作出了巨大贡献。

我们生活在科学技术日新月异的时代。科学精神是科学家从事研究工作不可缺少的，每个成功的科学家都是靠着卓越的科学精神才能取得伟大的成功。在日常生活中我们也要一点一滴地培养做事一丝不苟、精益求精的科学精神。精益求精，就是要我们在每一个细节处都下足功夫。精益求精，就是一座通往完美之路的桥梁。让我们在生活中处处做到精益求精，通向那完美之路吧！

2.“满招损，谦受益。”也就是说如果你对自己有自满的心理，就会有一定的损失；如果你一直都很谦虚，那就一定有益处。威廉·艾因特霍芬在科学研究中有着天才的智慧、非凡的才能、顽强执着的精神和坚忍不拔的毅力。另外，他的大师风范和崇高人品更令人敬重。他常常自喻为一个非常普通的小教授，虽然在工作中尽职尽能，但有时还是不能胜任自己的工作。他不仅谦虚，而且与其他人有着极好的协作关系，并尽力突出他人的功绩。

3. 奥斯特洛夫斯基曾说过：“生命对于我们每一个人只有一次，这仅有的一次生命应该怎样度过呢？当他回首往事的时候，能够不因虚度年华而悔恨，也不因碌碌无为而羞耻。这样，在临死的时候，他能够说：‘我的整个生命和全部精力都已献给了世界上最壮丽的事业——为人类的解放而进行的斗争。’”生命的价值，不在于你拥有了多少年月，而在于你收获了多少，奉献了多少！生命的硕果，最终只属于那些勇于追求，不断奉献的人们。

科学思想与启示

居里夫人说：“任何时候，我也不会满足，越是多读书，就越是深刻地感到不满足，越感到自己知识贫乏。科学是奥妙无穷的，我要把人生变成科学的梦，然后再把梦变成现实。”科学研究之路，万万不能骄傲自满，精益求精是一双能丰满梦想的羽翼。威廉·艾因特霍芬的发明创造故事告诉我们一个道理：在科学的道路上遇到困难的时候，我们必须要有坚忍不拔、锲而不舍的品格，要有坚持不懈、血战到底的精神，要有严谨的科学思维，要体现科学研究的应用价值所在，这也正是科学家致力于科学研究的价值。所以，我们应该谦虚地接受各方面的挑战，并且凭着顽强执着的精神和坚忍不拔的毅力去战胜挫折和困难，这样即使生命如流沙般地飞快流逝，它也能像烟花般绚丽灿烂。

九、缜密思维　大胆探索

——胰岛素的发现

科学事件

克劳德·伯尔纳（Claude Bernard，1813—1878）是19世纪法国伟大的实验生理学家和一代哲人，他一生都在用实验研究探究生理学的各个领域。伯尔纳的研究论文被印成18卷文集，并曾经4次荣获科学院实验生理学奖。他的研究为现代生理学和生物化学以及巴甫洛夫的工作奠定了坚实的基础。

1834年，21岁的伯尔纳进入巴黎某医校。显然，这个初来乍到者不是个好学生，在参加考试的29人中，他仅排第26名。不过，最终他还是获得了实习医生资格，并在实习时将自己的专业转向解剖学和生理学。也许受益于早年写作的训练，伯尔纳完成的论文论述清楚、流畅优美。这立刻引起医学界的注意，并很快使他成为法国科学院院长、生理学家马让迪的实验助手。他主要的任务是做活体解剖实验。从此，伯尔纳迈出了成为实验生理学奠基人的第一步，并也招致了一生的非议。当时宗教极力反对活体解剖，使得伯尔纳在科学研究中产生了阻力，这也包括他妻子的反对。但伯尔纳不为所动，坚持认为，只有通过实验才能建立生命科学。从此，他躲进地下实验室，开始了有关胃液消化能力方面的研究。也正是他坚持不懈的努力和不畏困难的精神，使得伯尔纳成为第一个叩响糖尿病神秘大门的人。他发现如果损伤实验动物第四脑室底部，可导致动物血糖升高及排泄糖尿，这是人类第一次制造出“人工糖尿病动物”。伯尔纳也曾经多次尝试切除狗的胰腺，以研究胰腺生理功能。然而实验十分困难，研究记录显示，他似乎只成功过一次，实验狗最终因过度消瘦而死去。但这位伟大的实验生理学家却未能及时发现，狗的真正死因是糖尿病而并非单纯的消化不良。

如果说伯尔纳的轻叩未能引起太多回响的话，德国籍俄罗斯裔学者明科夫斯基的决定性实验，则最终促使了胰岛素的发现。明科夫斯基是一名出色的生理及病理学家，对糖尿病有深刻的了解。他发现了糖尿病人的昏迷与酸中毒的关联，并率先倡导碱性疗法。1886年，明科夫斯基通过摘除鸟的肝脏，发现胆色素和尿酸的生成与肝脏有关。循着相似的理念，1889年，他和冯·梅林切除了狗的胰腺，以研究胰腺功能。他的助手很偶然地发现，苍蝇喜欢停留在切除了胰腺的狗所排泄的尿液中。由此明科夫斯基敏锐地意识到胰腺和糖尿病之间的决定性关系，并提出胰腺能够分泌某种抗糖尿病物质的假说。

基于明科夫斯基的假说，若干有名无名的科学家投入到寻找此神秘物质的实验中，而许多医生也尝试性地使用胰腺及其提取物来治疗糖尿病人。然而让人失望的是，数十年来，虽然陆续有人发表论文指出，胰腺提取物有降低血糖的效果，但因其效果的稳定性差兼副作用大而始终未获公认。

1922年，一个初出茅庐的加拿大青年外科医生班廷终于获得了幸运女神的青睐。“很多伟大的成就总有其偶然之处”，班廷的成功即是此谚语的注脚。班廷，1917年毕业于加拿大多伦多大学医学院。作为一名医士官参与过一战，因伤退役后，在小城伦敦（位于加拿大）开了个小诊所，并在当地西安大略大学的医学院得到一个兼职教学的工作。1920年10月，就在教授有关糖代谢的内容时，班廷从新得到的一本杂志中读到一篇有关胰腺结石的论文，这篇文章改变了班廷和这世界上千千万万人的命运。文章称胰腺结石可能导致胰腺萎缩，而在实验室结扎动物的胰腺导管也能引起同样效果。由于很多生理学家将无法成功提取胰岛素的原因归因于胰腺腺泡的外分泌功能，破坏了提取物。读到此处，班廷灵光一现提笔写到“结扎狗的胰腺导管，待其腺泡萎缩只余胰岛后，试图分离其内分泌液以治疗糖尿病”。

班廷 F.G.

今天站在后人的角度，我们知道提取胰岛素并不需要待腺泡萎缩后才能进行，因为胰腺所分泌的消化酶类，正常情况下，需在肠道中才有生理功能，加之提取过程所加入的试剂本身即可破坏那些酶类。但班廷认为他灵光一现的想法是成功之源。如果没有这个“巧思”，班廷很可能不会“自不量力”地试图攻克这个堡垒，而他大学时代的老师苏格兰人麦克劳德也未见得会给他机会去做这件事。事实上班廷提炼胰岛素与居里夫人提炼镭有异曲同工之处。居里夫人因为估计错了镭含量的数量级，没有真正认识到提纯镭的真实难度，这是居里夫人有勇气动手去做这件事的原因之一。不过这些事实似乎反复在说明一个古朴的道理，世上无难事，只怕有心人。

麦克劳德

可是，麦克劳德教授认为班廷是一个只有肤浅的科学知识，而毫无研究经验的年轻人，曾经有多少有名望的科学家在提取胰岛素的过程中都失败了，班廷的设想也是不会成功的。但他的自信和热切，最终使麦克劳德“勉强”同意在暑期将实验室借给他使用两个月，另外再给他10条狗，其余均需自备。班廷变卖了他微薄的家产，可谓破釜沉舟地回到了他的母校多伦多大学医学院开始了胰岛素的提取工作。1921年5月中旬起，在助手贝斯特的帮助下，班廷共结扎了19条狗，其中14条死亡，存活下的5条中，只有2条的胰腺导管因被彻底结扎而发生了萎缩现象。此时的班廷几乎到了山穷水尽的地步，没有工资，没有实验经费，食无定时，居无定所，相恋多年的女友也弃他而去。然而班廷并没有泄气，他和贝斯特坚持不懈地给更多的狗结扎，并将胰腺粗提物注射到因胰腺切除而患糖尿病的狗中，观察效果。到7月底，他们已经给91条切除了胰腺的狗注射，但无一例外它们都迅速死于糖尿病，直到第92条狗，这次他们成功地将它的生命延长了20天。度假归来的麦克劳德，知悉这个消息后，当机立断将他的团队投入到实验中，并邀请当时正在多伦多大学休假进修的柯利普教授（艾尔伯塔大学生化系教授）一起参与。

班廷和贝斯特的粗提物虽然有表现出对糖尿病的疗效，但它的纯度并没有达到可以给病人注射的程度。应该说麦克劳德邀请柯利普加入，是成功的关键，毕竟纯化蛋白质是生化学家的本行。在柯利普的帮助下，班廷和麦克劳德终于获得可以用于临床治疗的胰岛素。1922年1月11日，14岁的汤普森成为首例接受胰岛素注射治疗的人，治疗效果十分明显。因为这项成就，班廷和麦克劳德共获1923年的诺贝尔生理学或医学奖。

班廷是加拿大第一个获诺贝尔奖的科学家，而且他作为胰岛素专利的拥有者，并没有将胰岛素视为让自己暴富的工具。班廷没有将专利转让给出价最高的投标人，而是以较低廉的价格转让给了一家同意每单位胰岛素只卖三分钱的制药厂。这一切，很自然地让班廷成为加拿大人的英雄和荣耀。

事件解析

1. 科学的发现始于问题，这是科学工作者的共识。爱因斯坦曾经说过："提出一个问题，往往比解决一个问题更重要，因为解决问题也许仅是一个科学上或实验上的技能而已，而提出新的问题、新的可能性，从新的角度去看旧的问题，却需要有创造性的想象力，而且标志着科学的真正进步。"一个问题的发现和提出是创造主体思维的起点，只有发现和提出问题，创造主体才有可能有目的地提出解决问题的假说。回顾胰岛素发现的过程，尽管当时人们已经认识到糖尿病的发生与胰腺异常有关，并且已经发现胰岛素小岛细胞位于胰腺中，但是尚无科学家意识到胰岛素小岛细胞与糖尿病的发生之间可能存在某种必然的联系。这种小岛细胞究竟有何功能？与糖尿病的发生有何关系？ 班廷敏锐地发现了问题，提出大胆的假设：胰岛素小岛细胞内是否有防止糖尿病发生的物质？为了防止胰腺外分泌消化酶对提取物质的破坏，是否能结扎动物胰管使胰外分泌腺萎缩后再提取胰岛内的物质？正是带着这两个问题，班廷等人开始了艰辛的探索，最终解决了问题，取得了巨大的成功，以此我们可以再次体会到发现问题、提出问题的重要性。

2. 在科学探索的过程中，科学家要有一种保持对真理坚持不懈的追求及泰山崩于前而色不变的心态。那时班廷几乎到了山穷水尽的地步，没有工资，没有实验经费，食无定时，居无定所，并且相恋多年的女友也弃他而去。然而班廷并没有泄气，依然对科学充满执着和热情，更加努力、大胆地探索知识，追求真理。

3. 人生有很多偶然，而偶然却能铸造人生的命运！关键看你是否会抓住机会，把握机会，把偶然变成一种必然。当时班廷读到一篇病理报告，其中描述胰管遭结石阻塞的病人，其胰脏中分泌消化酵素的外分泌腺组织有所萎缩，但胰岛细胞却存活良好。于是，班廷想到可以将狗的胰管用手术结扎，模拟结石阻塞的情况；等消化腺萎缩后，或许可以分离出胰岛中未知的降血糖物质。班廷正是在这个新设想的推动下，锲而不舍，最终提取出胰岛素的。

科学思想与启示

科学的成果是基于对真理的追求而非对权威的崇拜。在科学探索的过程中，科学家要坚定不移地追求真理，而不要受到外来的政治、经济和社会的各种压力与干扰的影响。正如培根所说："世界上有许多做事有成的人，并不一定是因为他比你会做，而仅仅是因为他比你敢做。"所以，在科学研究和科学探索的道路上，敢于对科学产生设想，敢于为自己设定的目标去拼搏，只要有了目标，在付出努力的基础上，通过学习、总结前人的经验，并通过实验研究就一定能够取得成功。

班廷及其科研伙伴发现胰岛素的事件告诉我们，机遇具有偶然性的特点。所以我们要具有高度的洞察力和强烈的机遇意识，一旦出现机遇、看到机遇，就要当机立断，及时利用、充分利用。大胆探索与不懈地坚持，最终一定能在接力赛中冲刺到最后，并取得成功。

十、藏不住的细菌，遮不住的真理

——幽门螺杆菌的发现

科学事件

20世纪80年代以前，胃溃疡虽不是久治不愈，但总是愈而复发，一直是医生感到棘手的一种疾病。当时，医学界都认为胃溃疡是由不良饮食习惯或者生活压力过大而引起胃酸过多造成的，医生给病人开的药方也大都是抗胃酸的药。

1979年，澳大利亚病理学医生罗宾·沃伦在慢性胃炎患者的胃窦黏膜组织切片上观察到一种弯曲状细菌，并且发现这种细菌邻近的胃黏膜总是有炎症存在。细心的他继而发现这种细菌只在胃溃疡病人的样本中才能找到，于是他头脑中产生了一个新的假说——幽门螺杆菌才是胃溃疡的真正元凶。

其实这种细菌很早就被人类发现了，但一直没能在人工培养皿中培养成功。沃伦的假说只是建立在一种简单的对应关系上，没有任何实验基础，当然无法得到其他医生的支持。只有巴里·马歇尔觉得这个想法很有趣，答应帮助沃伦。他们以100例接受胃镜检查及活检的胃病患者为对象进行研究，证明这种细菌的存在确实与胃炎有关。此外他们还发现，这种细菌还存在于所

罗宾·沃伦（左）和巴里·马歇尔（右）

有十二指肠溃疡患者、大多数胃溃疡患者和约一半胃癌患者的胃黏膜中。

但是，两人试验了多次，仍然无法在人工培养基中培养出这种细菌。1982年4月的某一天，沃伦把一块从胃溃疡病人体内切除出来的病变组织放在培养皿中，准备再试一次。因为那天之后正好是复活节，依照惯例休假4天，沃伦把培养皿放在培养箱里就回家过节了。这多出来的几天假期让培养皿意外地在培养箱里多待了几天（以前两人按照惯例只让培养皿在培养箱里待两天），结果细菌长出来了！为了进一步证实这种细菌就是导致胃炎的罪魁祸首，马歇尔和沃伦冒着未知的风险，不惜喝下含有这种细菌的培养液，结果大病一场。他俩高兴坏了，立刻对这种细菌做了一些基础的分类学研究，并以读者来信的方式，把两人的研究成果以及胃溃疡假说投给了英国著名的医学杂志《柳叶刀》。这是这一假说第一次在正式的医学杂志上发表，时间是1983年。至此，医学界才第一次知道有这么一回事。

但是这个假说在刚刚提出时就被其他科学家和医生们嘲笑，他们不相信会有细菌生活在酸性很强的胃里面。所以这一伟大的发现一直被主流医学界当作异类，遭到了权威们的一致排斥。但两人不畏强权，顶住压力，坚持自己的见解。

第二年，也就是1984年，两人的第一篇正式论文在《柳叶刀》杂志发表。这篇论文引用了不少相当有分量的实验结果，比如他们用一种杀菌剂杀死了培养皿中的幽门螺杆菌，而这种杀菌剂早就被证明对治疗胃溃疡有效果。这篇论文的发表确实在主流医学界引发了相当大的争议，但反对者并不像“另类医生”们所说的那样，是由于他们不相信细菌能在胃酸中存活。因为微生物学家们早就知道，比胃酸更严酷的环境里都能找到细菌的踪迹。不过，胃酸确实很厉害，大部分已知细菌都无法存活，但幽门螺杆菌不是生活在胃酸之中，而是生活在胃内壁黏膜之下，躲过了胃酸的腐蚀。这一点当时还没人能够预见得到。

当时持反对意见的人最需要的是科学的证据，因为国际微生物学界早就公认，要想确定一种疾病是由于某种微生物的感染所引起，必须满足柯霍氏法则。

经过一番挫折，他俩终于意识到，仅凭一腔热情是不行的，必须进行正规的科学实验才能说服别人。于是，两人准备招募志愿者进行大规模的临床实验。有人参与的临床实验可不是说做就做的，不仅需要立项、申请、获得经费，而且需要时间。最后，两人找到了100名志愿者，并于1988年底完成了第一次大规模临床实验，结果进一步证明了幽门螺杆菌与胃溃疡之间的联系。

与“另类医学”拥护者所说的情况不同，他俩并不是孤军奋战。全世界很多科学家都积极参与了这项研究。截至1992年，全世界至少进行了3组大规模临床实验。在此基础上，美国国立卫生研究院（NIH）于1994年召开了一次大会，基本上同意幽门螺杆菌是胃溃疡的元凶这一说法。此时距离两人在《柳叶刀》杂志上第一次发表论文的时间正好过去了10年。

此后，这项具有划时代意义的假说又经过了11年的考验，最终才证实此假说的正确性。

幽门螺杆菌及其作用的发现，打破了当时已经流行多年的人们对胃炎和消化性溃疡发病机理的错误认识，被誉为是消化病学研究领域的里程碑式的革命。由于他们的发现，溃疡病从原先难以治愈、反复发作的慢性病，变成了一种采用短疗程的抗生素和抑酸剂就可治愈的疾病，大幅度提高了胃溃疡等患者获得彻底治愈的机会，为改善人类生活质量作出了贡献。

2005年10月3日，瑞典卡罗林斯卡研究院宣布，2005年度诺贝尔生理学或医学奖授予这两位科学家，以表彰他们发现了幽门螺杆菌以及这种细菌在胃炎和胃溃疡等疾病中的作用。

事件解析

1. 由于消化性溃疡的细菌学说与传统理论似乎是完全不同的新理论，而且与胃酸环境中细菌不能生长的“常规”情况也是相悖的。因此，这个假说在开始阶段受到临床医生们的抵制是不奇怪的。但难能可贵的是罗宾·沃伦和巴里·马歇尔坚持了自己的观点，顶住了各方面的怀疑和压力，最终赢得的荣誉实至名归！

2. 为了说明事实的真相，巴里·马歇尔冒着未知的风险，毅然喝下了自己培养的幽门螺杆菌培养液。数周之后，他的胃部有了反应，那时的他忍着胃病的痛苦，但也终于验证了自己当初的想法，可以说那时的他是真正的“痛并快乐着”……只有献身科学、刻苦探索才能获得成功。科学发现可以在尖端，也可以在平凡中，关键是要不懈努力地去探索、去发现。在科学的路上这样的事例应该不在少数，正是因为有他们那种为科学事业义无反顾的献身精神，我们的科学技术才会如此迅猛地发展。

3. 对待问题的思维方式对于一个人的发展是至关重要的。面对各方的质疑，罗宾·沃伦和巴里·马歇尔也产生过动摇，但怀着科学家一贯的执着探索的精神，他们依旧坚持往下研究，力图证明：就算自己的观点错误，也要有理有据。所以他们怀着纠错的态度继续前行。事实的真相只有一个，结果证明他们起初的观点是对的。

科学思想与启示

在科学研究之路上，你可以站在巨人的肩膀上眺望梦想，却不能拘泥于教条。斯大林说：“科学所以叫作科学，正是因为它不承认偶像，不怕推翻过时的旧事物，很仔细地倾听实践和经验的呼声。”真理，哪怕只是见到一线，我们也不能让它的光辉变得暗淡，我们要继续战斗，让传统的渔网遮不住阳光般的真理。

在学习和生活中我们可能会碰到一些难题或者是遭受到别人的蔑视对待，但是我们不能放弃，要顶住各方面的怀疑和压力，坚持自己正确的观点，这样才能解决难题。

十一、一粒种子征服世界的创举

——杂交水稻的发明

科学事件

袁隆平，这位举世闻名的“杂交水稻之父”，在1973年率领科研团队开启了杂交水稻王国的大门，在数年的时间内就解决了十多亿人的吃饭问题，有力地回答了世界“谁来养活中国”的疑问。正如美国著名农业经济学家帕尔伯格所言：“袁隆平把西方国家远远甩到了后面，为中国争取到了宝贵的时间，并将引导中国和世界过上不再饥饿的美好生活。”这不仅仅是对袁隆平这位科学家的赞美，也是对中国科学家的肯定！

1960年，袁隆平从一些学报上获悉杂交高粱、杂交玉米、无籽西瓜等，都已广泛应用于国内外生产中。这使袁隆平认识到：遗传学家孟德尔、摩尔根及其追随者们提出的基因分离、自由组合和连锁互换等规律对作物育种有着非常重要的意义。于是，袁隆平跳出了无性杂交学说圈，开始进行水稻的有性杂交试验。

1960年7月，他在早稻常规品种试验田里，发现了一株与众不同的水稻植株。第二年春天，他把这株变异株的种子播种到试验田里，结果证明了上一年发现的那个“鹤立鸡群”的稻株，是地地道道的“天然杂交稻”：株型优异，穗大粒多。他蹲下身子仔细地数了数稻粒数，竟然有160多粒，远远超过普通稻穗。他想：既然自然界客观存在着“天然杂交稻”，只要我们能探索出其中的规律与奥秘，就一定可以按照我们的要求，培育出人工杂交稻，从而利用其杂交优势，提高水稻的产量。这样，袁隆平从实践及推理中突破了水稻为自花传粉植物而无杂种优势的传统观念的束缚。于是，袁隆平给这株水稻做了记号，将其所有谷粒留作试验的种子，立即把精力转到培育人工杂交水稻这一崭新课题上来。

然而第二年的结果却让人很是失望，这些种子长成的禾苗，长得高矮不一，抽穗的时间也有的早，有的晚，没有一株超过它们的前代。

袁隆平百思不得其解，因为根据孟德尔遗传学理论，纯种水稻品种的第二代应该不会分离，只有杂种第二代才会出现分离现象。灵感的火花来了：难道这是一株天然杂交稻？而当时的权威看法是水稻是自花授粉植物，不具有杂交优势。

从这时开始，袁隆平下定决心不为权威所限，通过科学的研究揭示出水稻杂交的奥秘和规律。1966年，他发表论文《水稻的雄性不孕性》，论述了水稻具有雄性不孕性，并预言：通过进一步选育，可以从中获得雄性不育系、保持系和恢复系，实现三系配套，使利用杂交水稻第一代优势成为可能，带来大幅度、大面积的增产。这就是袁隆平首创的“三系法”杂交水稻。

方向找到了，并不代表研究就会一帆风顺。从纸上理论到田里的累累稻穗，杂交水稻研究走过了一条充满荆棘的艰辛之路：他遭遇了“文化大革命”的暴风雨、人为的毁禾、地震的死亡考验，以及试验技术上的数次惨痛失败等。

袁隆平和助手尹华奇、李必湖轮流到气候温暖的海南、云南等地育种，用1 000多个品种的常规水稻与最初找到的雄性不育株及其后代进行了3 000多次试验，但能保持不育特性的比例不但没有提高，反而不断下降。

袁隆平静下心来阅读国外有关高粱杂交试验的论著：杂交高粱不育系是用西非高粱做母本，南非高粱做父本的远缘杂交成功的。灵感再一次显现：利用野生稻走远缘杂交之路。

在袁隆平这一思想的指导下，1970年，两名助手在海南找到了野生稻雄性不育株。袁隆平确认后，将这株珍贵的野生稻命名为“野败”。1971年，袁隆平无私地将“野败”材料提供给全国各地的研究者，大大推进了杂交水稻在全国的研究。

失败并没有就此离开。1972年，袁隆平和助手将“野败”与栽培稻杂交，成功转育杂交水稻，但试验的结果只表现在禾苗的长势上，除了稻草比常规稻多一倍之外，稻谷没有表现出增产优势。

当时，杂交水稻怀疑论者嘲讽地说：“可惜人吃的是饭，不吃草。”袁隆平顶住巨大压力，认真分析试验后判断：这次失败，恰好证明了杂交水稻具有优势，关键是将这种优势向稻谷发展。在他的指导下，研究人员改进品种组合，在第三年达到亩产505公斤，比常规水稻增产30%。

“三系法像包办婚姻，两系法是自由恋爱，超级稻是独身主义”，这是袁隆平对杂交水稻演变过程的形象比喻。从“三系法”到“两系法”再到“超级稻”，从亩产400公斤到600公斤再到800公斤，他的脚步从来没有停止过。

1973年10月，在全国杂交水稻会议上，袁隆平发表论文《利用“野败”选育“三系”的进展》，正式宣告中国籼型杂交水稻“三系”配套成功。

1976年，杂交水稻开始进行大面积推广，全国达到208万亩，增产全部在20% 以上。1981年，袁隆平被授予新中国第一个，也是迄今为止唯一一个国家特等发明奖。

1982年，国际水稻研究所学术会首次公认：中国科学家袁隆平为世界“杂交水稻之父”。

在对杂交水稻的一片赞扬声中，袁隆平自揭其短：杂交水稻“前劲有余，后劲不足；分蘖有余，成穗不足；穗大有余，结实不足”。

他决心开展新的研究攻关，在1986年提出了杂交水稻育种方法从“三系”向“两系”再向“一系”迈进的战略设想。1987年，“两系法”杂交水稻研究被列为国家“863”计划项目，袁隆平出任责任专家，主持全国16个单位协作攻关。1995年，“两系法”杂交水稻大面积生产，平均产量比“三系”增长了5% ~ 10%。

当全国农业界的兴奋还没有离开“两系法”，袁隆平又提出超级杂交稻分阶段实施的战略目标：把塑造优良的株叶型与杂种优势结合起来，提出了旨在提高光合作用效率的超高产杂交水稻选育技术路线。

2000年，超级杂交水稻亩产700公斤目标实现；2004年，800公斤目标实现；2005年，“超级稻”第三期小片试验田达到900公斤。

2005年底，联合国世界粮食计划署在北京正式宣布从2006年起停止对华粮食援助。这标志着中国26年的粮食受捐赠历史画上了句号，并开始成为一个重要的援助捐赠国。中国以占世界不到10% 的耕地养活了占世界20% 多的人口，其中杂交水稻立下了汗马功劳。

目前，中国杂交水稻已在世界上30多个国家和地区进行研究和推广，并被冠以“东方魔稻”、“巨人稻”、“瀑布稻”等美称，甚至将之与中国古代“四大发明”相媲美。

“我梦见我们种的水稻，长得跟高粱一样高，穗子像扫把那么长，颗粒像花生米那么大，我和助手们就坐在稻穗下面乘凉……”这个禾下乘凉梦，袁隆平做了两次。而作为“杂交水稻之父”，关于水稻的梦，他一做就是40多年。

“我有两个愿望：一是2010年超级杂交水稻能实现亩产900公斤的目标，二是将杂交水稻在全世界推广到1 500万公顷，多养活1亿世界人口。”自称拥有“70多岁的年龄，50多岁的身体，30多岁的心态，更有20多岁的肌肉弹性”的袁隆平对此信心十足。到那时，他正好80岁。

2011年9月19日，“杂交水稻之父”袁隆平指导“超级稻”第三期目标亩产900公斤高产攻关获得成功。农业部专家组按照严格的测产验收规程，测得试验田平均亩产达到926.6公斤。但是质疑声也接踵而至，有人追问是否利用了转基因技术，还有人提出杂交水稻会不会口感不好等。对此，袁隆平明确回应：第一，杂交水稻不是转基因食品；第二，高产不牺牲优质，超级稻好吃得很；第三，下一步目标是向亩产1 000公斤进发。

袁隆平说：“我是一个从小喜爱跳高运动的人，现在搞科研，也是像跳高一样，跳过一个高度，又有新的高度在等着你。如果不跳，早晚要落在后头；即使跳不过，也可为后人积累经验。”

事件解析

1. 牛顿说：“如果说我比别人看得更远些，那是因为我站在了巨人的肩上。”袁隆平从遗传学家孟德尔、摩尔根及其追随者们提出的基因分离、自由组合和连锁互换等规律中得到启示，跳出了无性杂交学说圈，进行水稻的有性杂交试验，这是袁隆平走向成功的第一步。

2. 袁隆平从一开始将自己的想法付诸实践之时就屡遭失败，但是他并没有放弃，他曾说过：“失败了没关系，失败了就重新来过，我不怕失败，每一次失败都给我珍贵的教训和经验。”追求的路途，总是会有些坎坷，每一次跌倒，执着的人们，总会坚强地爬起，继续往前；但聪明的人们，会在跌倒的伤痛中安静地反省，总结教训和思考未来之路，然后再重新爬起，带着勇气和经验，谨慎地继续向前。

3. “山外青山楼外楼，自然探秘永无休，成功易使人陶醉，莫把百尺当尽头。”这是挂在袁隆平家中的一首自作诗。取得诸多伟大成就的袁隆平并没有停止他继续探究的脚步，在每一次成功之后，袁隆平都会给自己一个向前的新目标。也正是这些目标，使他不顾一切阻碍，辛勤地付出，艰苦地奋斗，最终取得更优秀的成就。杂交水稻产量的不断增加，为世界的温饱问题作出巨大的贡献。

4. 袁隆平的实验研究具有实用价值，他培育出的杂交稻不仅使人口快速增加的中国避免了原本可能面临的粮食危机，也为世界粮食安全作出了突出贡献，使无数人摆脱了饥饿的威胁。而与其科学成就相比，其突出的人格魅力和严谨的科学作风更令人敬仰。相比那些拿着科研经费乱花，却迟迟拿不出成果、用抄袭来的论文参加评奖和忙于四处“走穴”捞外快，甚至变为传声筒的专家、教授们，袁隆平真称得上是中国科学界的良心。真希望中国能多出几个袁隆平。

在杂交水稻王国的大门还没开启之前，全世界有超过8亿饥饿人口，全球平均每天有2万多人死于饥饿，其中近一半是儿童。解决中国人吃饭问题的袁隆平将目光投向了全世界为饥饿所困的人，致力于杂交水稻的研究。从1979年首次走出国门、在美国开花结果开始，目前中国杂交水稻已在世界上30多个国家和地区进行研究和推广，种植面积达到150万公顷。杂交水稻不仅解决了中国人的吃饭问题，还对世界减少饥饿作出了卓越的贡献。袁隆平这种踏实的科研精神是值得所有科研人员学习的。

科学思想与启示

在科学研究中要具有自己独特的思维和创新的意识，但是也要借鉴前人的经验，善于运用前人发现的规律。正如美国管理学家斯维尼所说的：“为了产生创新思想，你必须具备：必要的知识；不怕失误、不怕犯错误的心态；专心致志和深邃的洞察力。”

在追寻梦想的道路上，大多数人都是失败了一百次，成功了一次。梦想对每一个人来说都是至关重要的，一个美好的梦想往往能使人们为之付出终生的努力，并且给人们带来无限的光荣。追逐梦想的路上，我们要集思广益，踏实付出。

十二、偶然可以创造奇迹
——DNA 指纹的分析

科学事件

通过分子化学的方式将生物的遗传物质 DNA 形成图谱，就是该生物的 DNA 指纹。之所以称为“指纹”，是由于不同个体的图谱各不相同，具有排他性，就像人的指纹一样。人的一滴血、一根毛发、几个皮肤细胞等小样品，甚至是鼻黏膜，或者唾液，都可以用来进行 DNA 指纹分析。

20年前的一个清晨，亚历克·杰夫里斯在研究基因变异时偶然发现基因上存在一些微小的结构，而这些结构和其他个体有明显的不同。因此，他想到是否可以利用这种结构上的差异来区分不同的人，并绘制出了世界上第一幅 DNA 指纹。这大大推动了以后的科学研究。DNA 指纹鉴别从此以一种奇妙的方式影响着现代社会。如今，DNA 指纹鉴别技术几乎无处不在。

亚历克·杰夫里斯

事件解析

人们常说：“机不可失，时不再来。”机会只给有准备的人，而亚历克·杰夫里斯就抓住了属于他的机会。正如歌德说的：“瞬间的刹那，便可决定你的一生。”亚历克·杰夫里斯进行科学研究时，善于发现细微之处，观察到了一些微小结构，并进行持续研究，最终获得了成功。

科学思想与启示

在科学研究领域中，往往在最偏僻的角落里，会开出最娇艳的花。世界上有太多细小的东西，这些东西是很容易被人忽视的。但换个角度去观察，用心去体会，也许，我们就会发现意想不到的结果。简单的事情也能创造奇迹，突然的成功不是偶然。必须留意你身边的一切，哪怕是一点小事，也别错过其中可能带给你的幸运。正如贝尔所说的："创新有时候需要离开常走的大道，潜入森林，你就肯定会发现前所未见的东西。"

善于发现机会。很多机会就像蒙尘的珍珠，让人无法一眼看清它华丽珍贵的本质。人不可一味等待，要学会为机会拭去障眼的灰尘。不通过拼搏得到的成功就像一开始就知道真正凶手的悬案电影般索然无味。选择一个机会，不可否认有失败的可能。将机会和自己的能力相对比，合适的紧紧抓住，不合适的学会放弃。在通往成功的道路上，每一次机会都会轻轻地敲响你的门。不要等待机会去为你开门。我们应该做的是为机会开门。

十三、生命奥秘的拓荒者
——核酸的发现

科学事件

弗勒瑞克 · 米舍尔

弗勒瑞克·米舍尔（Fredri Micscher，1844—1895），瑞士青年科学家。遵照他的舅舅——著名的解剖学家和组织学家西斯的意见，1868年米舍尔从医学院毕业后在德国的杜宾根大学攻读有机化学，并在生物学家霍佩·赛勒（Hoppe Seyler）的实验室里从事细胞化学组分的研究工作。霍佩·赛勒建议米舍尔研究“淋巴细胞的组成”。

当时，实验室附近有一家医院，常常扔出许多带有脓血的绷带。一次，米舍尔标新立异地收集了大量又脏又臭的外科手术绷带。他既不是医生，也不是护士，是专门研究脓细胞化学的医学博士，拿绷带干什么呢？原来是因为人受了伤，所以脓血里有与大量病菌“作战”而死亡的白细胞以及其他死亡的人体细胞。而绷带是用来包扎伤口的，上面沾有脓血，可用于研究。

白细胞负责保护伤口不被细菌侵染，因此，包扎物上往往会混杂白细胞的尸体。他仔细地用稀的硫酸钠溶液洗涤绷带，使白细胞几乎完全无损地与脓液中的血清及其他物质分开。在试图提取纯细胞核的过程中，米舍尔先用酒精把脓细胞中的脂肪物质去掉，再用猪胃粘膜的酸性提取液（一种能除掉蛋白质的胃蛋白酶粗制品）处理。结果发现细胞的大部分被分解了，而细胞核只是缩小了一点儿，仍然保持完整。当时，人们认为脓细胞主要是由蛋白质构成，所以米舍尔首先考虑细胞核的主要物质是不是也是蛋白质呢？米舍尔对组成细胞核的物质进行了化学分析，如果能被蛋白酶分解，那一定就是蛋白质。米舍尔将蛋白酶加入到提取的细胞核物质中，等待细胞核物质的消失。结果发现，这些蛋白酶对细胞核物质束手无策。这说明，细胞核里的主要成分不是蛋白质，那究竟是些什么物质呢？经过进一步研究发现，细胞核里充满了含磷很高而含硫很低的复合物。这种有机酸的溶解度以及它对胃蛋白酸的耐受性，暗示着这是一种新的细胞成分。

米舍尔的导师，霍佩·赛勒对米舍尔的研究半信半疑，霍佩·赛勒当时是生物化学界的权威，治学严谨。他要在亲自做实验验证米舍尔的工作后，才允许米舍尔发表这个结果。霍佩·赛勒用酵母细胞做实验，证实了米舍尔的发现。由于这种物质是在细胞核中发现的，他们便把这种物质命名为“核素”。

核素的提取过程并不简单，作为一种胶体物质，不能通过羊皮纸滤膜，要用特殊的方法。为了提取核素，米舍尔每天天不亮就起床，在低温房间里工作。因为核素很不稳定，要求保持低温，而且操作时速度一定要快，最后的制备物需要保存在纯酒精中。但米舍尔并没有因为他的发现而得到当时人们的重视。对米舍尔的“异常举动”，少不了有人挑刺，甚至谩骂。他辛辛苦苦分离的核素，被人看作“仅仅是被污染的蛋白质”，面对攻击，米舍尔真的有些沮丧了，毕竟，提取物的纯度很难保证。

1870年，米舍尔回到故乡巴塞尔的莱茵河畔，对鲑鱼的精子细胞进行了数年研究。鲑鱼精子的头部基本上都是细胞核，所以是研究核素最好的实验对象。他发现“核素”中的一部分是大分子组成的酸性基因。实际上他已接近了核酸分离的最后阶段，那种酸性基因就是核酸。近20年后，即1889年，在同一实验室工作的生物化学家奥尔特曼（Altrmann）从酵母和动植物组织中终于分离出纯净的、不含蛋白质的细胞核中的酸性物质，将其称为“核酸”，并获得诺贝尔奖。

事件解析

1. 在我们看来，米舍尔提出的新的观点是正确的。他之所以成功，是因为他拥有不怕苦不怕累，不为现有的知识所束缚，勇于追求真理的精神，并在有了新的想法的基础之上刻苦钻研，持之以恒。

2. 米舍尔收集了大量又脏又臭的外科手术绷带，手术绷带是很平常的东西，但米舍尔善于观察，能够注意到不为人所了解的方面，因此，这是他成功的原因之一。

3. 科学研究不是一朝一夕能完成的。米舍尔为了他的研究花费了整整一生的时间。可见，对于一个科学工作者来说，坚持不懈的努力和锲而不舍的精神是多么重要啊！

4. 在米舍尔之前，生物化学家分离的是完整组织，而米舍尔分离的是细胞，甚至是细胞核。米舍尔是核酸的发现者，虽然当时他并不真正了解它就是遗传物质，但为后人的研究奠定了基础。从此，一个崭新的解开生命之谜的科学领域开始了。核酸在实践应用方面发挥着极为重要的作用，如人类镰刀形红血细胞贫血症、肿瘤的发生、病毒的感染等都与核酸有关。如应用遗传工程方法已能使大肠杆菌产生胰岛素、干扰素等。

科学思想与启示

科学研究是一条曲折、艰难的道路。它要求科学家们必须要有坚持不懈的精神，甚至付出一生的精力。当然，也需要科学家具有细致的观察力。一般人没注意到的，有心的科学家就能注意到。

科学工作者就像淘金工人一样，只有通过不厌其烦的“淘”的过程，才能最终得到纯正的“金”。走在科学道路上的探索者们，应该摆脱思想上的枷锁，用实践去检验真理！

除了能力、团队精神和是否认真负责、踏实肯干外，成功很重要的一点，就是看面临挑战时，是否充满激情，是否有力争第一的勇气。缺乏激情的人很难成就大事。

十四、开放的思维　敏锐的观察

——开创动物行为学新篇章

科学事件

动物行为学经历了一个漫长而缓慢的发展时期，真正观察和描述动物行为的是古希腊的亚里士多德（Aristoteles，公元前384—322）。到了 17—18 世纪，人们对动物行为学的观察和研究就更加深入，德国人约翰（Johunn Pernaller）对不同鸟的取食地、社会行为、筑巢方式、领地、季节性羽毛色彩变化、迁徙、鸣叫和育雏等方面进行了研究和探讨。法国的勒雷（Chorles George Lereg）对狼、狐的捕食行为及野兔的恐惧表现有过生动的描述，提出了动物是依靠其记忆和生活经验而生活的。1859年，达尔文出版了《物种起源》，对动物行为学的研究产生了深远的影响。达尔文《人类的由来》对人类和动物本能行为进行了比较研究，揭示了人类的高级行为与动物本能的差别。19世纪末，劳埃德（C. Lioyd MOrgun）对鸡的本能行为、学习行为及模拟行为进行了较为详细的研究和描述。在其著作中的一些行为学术语，如 Behaviour（行为）、Animod Behaviour（动物行为），一直沿用至今，成为经典。

20世纪以后，人们对动物行为学的研究进入了迅速发展的时代。1901年，霍布豪斯（Hobhouse）发现了猴等动物能使用一定的工具，如棍棒等来获取食物。1906年，动物学家詹宁斯（H.S.Jennings）研究了原生动物的行为，并作了详细的记录和描述，撰写了《原生动物的行为》一书，此书是第一部专门论述动物行为的著作。在1871—1945年间，柏林的海因罗详细地研究了多种鸭、鹅的鸣叫、繁殖行为及其社会行为，并且发现了灰雁从孵卵箱中孵出后的印记行为。在1931—1941年的十年时间里，欧洲著名的行为生物学家廷伯根和劳伦兹在自然和半自然条件下对动物进行了长期的观察，发表了《社会性鸦的行为学》、《鸟类环境世界中的伙伴》、《关于本能的概念》、《对雁鸭类行为的比较研究》等论文，建立了物种的行为图谱，发现了动物行为学中基本行为型的功能。

查尔斯·亨利·特纳

查尔斯·亨利·特纳（Charles Henry Turner，1867—1923）出生在美国俄亥俄州辛辛那提。1892年，特纳成为第一个获得辛辛那提大学研究生学历的非裔美籍人，1907年，他成为第一个获得芝加哥大学哲学博士的非裔美籍人。特纳是20世纪20年代初极有影响力的科学家之一。作为动物学家，他的研究集中在关于动物行为的问题上。

他的父亲是一个教会托管，经常向他灌输文学知识，在父亲潜移默化的影响下，特纳自小就对文学产生了浓厚的兴趣。他的母亲是一个护士，赋予他勤于学习的激情，他的父母相信自己的梦想和激情所赋予的力量一定会感动儿子，对他将来的发展将会起到重大作用。

在大学阶段，特纳跟随辛辛那提大学生物学教授克拉伦斯·路德·赫里克学习。赫里克是当时生物心理学研究的先锋。特纳并非富豪，根本没有正规的实验室和较好的实验设施；繁重的教学任务、较低的工资待遇及有限的实验时间，使他的学习与研究障碍重重。但也正因为如此，更加激发了他对学习的激情和对科学的热爱。于是，他就用他身上仅有的钱，买了科学资料和书籍，不断地充实自己，提高自己的理论水平和科研能力。

然而，特纳在他职业生涯的后半段生命历程中，却选择了在高中任教，他相信教授美洲的黑人更有价值。一方面，因为他本身就是黑人，另一方面他可以腾出更多的时间观察昆虫。在教学中，他拿活的生物和标本给学生们观察，并鼓励和教授他们使用显微镜。这是一个创举。

他的大脑中经常会涌现一些奇奇怪怪的问题。“飞蛾能听得到声音吗？黄蜂是如何追捕食物的？蟑螂是从经验中学习，还是它们的行为完全出自本能？蚂蚁如何找到回家的路？蜜蜂如何识别花朵的颜色？”

对于蜘蛛这种动物，很多人都会对它熟视无睹，但特纳却对蜘蛛行为有敏锐的观察力和特别的思维，并花了很多心思观察蜘蛛的捕食和繁殖行为。

他发现蜘蛛捕食时，会把自己隐藏在自己织的漏斗网中，因此，蜘蛛被人们称作漏斗纺织工。他还发现在不同的环境中，蜘蛛结的网是不一样的。生物本身有本能反应，那这是不是本能反应呢？为了研究这个问题，他反复破坏一只蜘蛛辛辛苦苦织的网，在第五次时，那只蜘蛛实在是受不了了，于是它把网结在更为隐蔽的地方。而且，特纳经过反复的观察，发现蜘蛛捕食不同的昆虫时，所织的网是不一样的，因此，他得出一个结论，蜘蛛是一种很聪明的动物，它能够对外界做出反应，证明了动物具有学习的能力。你会不会觉得很不可思议呢？

除此之外，特纳还观察了很多其他动物的行为，如蚂蚁、蜜蜂、蟑螂、甲壳类、蛾类和黄蜂等，甚至对鸽子的行为也进行了详细观察。

事件解析

1. 特纳喜欢研究昆虫，并具有献身动物行为学研究的精神。他想知道究竟是什么让它们有自己的生活习惯，以及它们如何执行不同的事情。就是这种勤于思考、热爱深究的优秀特质，让他在自己的领域中有所建树。

2. 特纳对知识充满渴求，永远喜欢提问。我国古代大教育家孔子说过：学而不思则罔，思而不学则殆。只学习，不思考，是学不到知识的；只思考不学习，就会陷入空想的境地，最终一无所获。特纳拥有很强的好奇心，他知道怎样满足自己的好奇心，那就是提问。提问使得他思维逐步变得活跃，有自主能力。人的思维是从问题开始的，提问是引起思维的第一步。

3. 拥有非凡的动物行为学领域的专业知识，刻苦学习和不断充实自己的努力品质，是特纳成功的必不可少的条件。

科学思想与启示

科学研究不仅需要一个思维敏捷的大脑，同时还需要一双敏锐的慧眼，善于观察、勤于思考，两者结合才能画出美丽的篇章。

远见和洞察力是能否抓住机遇的关键之一。远见意味着看透未来的一种超能力。它不是与生俱来的，是建立在知识的积累，阅历的浓缩，胸怀的博大基础上的。洞察力也是通过不断地反思反省才能获得的。特纳这种对周围事物善于观察和思考，并追其根源的思想，正是我们这一代人所缺乏的，广大青少年学生只有从小培养这种品质，在今后的发展道路上才能有所突破，才能扛起成功的大旗！

十五、探秘微生物王国

——链霉素的发现

科学事件

在人类社会中，结核病一直像恶魔似地折磨着人类的身体健康，使人们痛苦不堪。19世纪中叶，欧洲四分之一的人死于结核病，在当时，结核病与可怕的鼠疫相提并论，被称为“白色瘟疫”。世界各国的医生都曾经尝试过多种治疗肺结核的方法，但是没有一种有效的方法能够控制结核病的肆虐和蔓延，凡是患上结核病的人就意味着被判了死刑。

1945年，弗莱明、弗洛里、钱恩发现了有史以来第一种对抗细菌传染病的灵丹妙药——青霉素。因此他们也分享了诺贝尔生理学或医学奖。但是青霉素对肺结核的病原体结核杆菌并不起作用。链霉素是继青霉素后第二个生产并用于临床的抗生素。它的抗结核杆菌的特效作用，开创了结核病治疗的新纪元。从此，结核杆菌肆虐人类生命几千年的历史才有了遏制的希望。

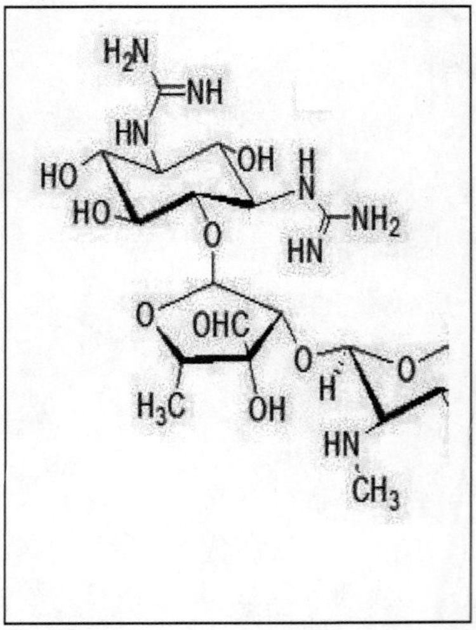

链霉素（Streptomycin）结构式

赛尔曼·A. 瓦克斯曼（Selman A. Waksman），出生在乌克兰，是犹太人的后裔，后移居美国，是美国罗格斯大学教授，著名的生物化学家和微生物学家。瓦克斯曼发现了链霉素和其他抗生素，并首先将链霉素用于治疗肺结核病人。因此获得1952年诺贝尔生理学或医学奖。

自学生时代起，瓦克斯曼就研究土壤细菌学。1937年，当杜博斯在一种土壤微生物中发现了一种杀菌剂时，土壤微生物就立即成为一种新的研究方向。瓦克斯曼的实验室就是致力于从各种细菌中筛选、分离杀菌成分。后因为他发现了链霉素和其他抗生素，被称为“土壤之人”。

赛尔曼·A. 瓦克斯曼

1924年，瓦克斯曼所在的研究所接受了一项科研任务：研究结核杆菌进入土壤后的去向。他的助手经过3年研究，确认结核杆菌进入土壤后最终会被消灭干净。看着这个研究报告，瓦克斯曼陷入了沉思。土壤中究竟是什么东西能够消灭结核杆菌？找到这种东西，不就找到了治疗结核病的方法了吗？但是，微生物是一个微观王国，有许多家族，每个家族又有成千上万个成员，而且杂居在一起，要想在这个庞大的王国里，找出杀死结核杆菌的微生物，无异于大海捞针。

瓦克斯曼下定决心，无论付出怎样的代价，也要把这种微生物找出来。于是，在药业巨头默克公司的资助下，瓦克斯曼运用精密的统计学方法，带领着学生们开始了分离土壤微生物，从中寻找能够杀死结核杆菌微生物的工作。他不分昼夜地待在实验室里，每天做着重复烦琐的、枯燥的分离鉴定工作。瓦克斯曼按照土壤微生物的生长特性用不同的培养基培育，然后取出它们的分泌物，分别做抑菌和杀菌实验。1940年，瓦克斯曼经过对2 000种微生物的分离实验后，终于分离出第一种抗生素——放射线菌素，但是由于毒性太大，没什么应用价值。到了1941年，瓦克斯曼通过实验分离的微生物超过了5 000种，1942年，他们实验的种类已经达到了8 000种，分离出了链丝菌素。链丝菌素和放射线菌素一样，因对人体的毒性太大，最终还是放弃了对它的应用。在将近20年漫长实验过程中，许多人都劝瓦克斯曼放弃实验，但瓦克斯曼完全没有动摇自己的决心，一直坚持他“追梦”的实验研究。到1943年，他们所鉴定的微生物已达到了10 000多种！

功夫不负有心人，经过长期艰苦细致的试验研究，瓦克斯曼终于找到了一种灰色放线菌。这种放线菌的分泌物不仅能够杀死结核杆菌，而且毒性很小。经过动物实验和病人的临床试验，它的作用最终被人们肯定。他们把这种物质命名为链霉素。瓦克斯曼此后继续研究抗生素，一生中与其学生共发现了20多种抗生素，以链霉素和新霉素最为成功。瓦克斯曼于1973年去世，享年85岁，留下了500多篇论文和20多本著作。在著名细菌学家科赫发现结核杆菌61年后，结核病终于被人类彻底征服了。

瓦克斯曼的艰辛努力没有白白付出，终于在1952年10月，瑞典卡罗林纳医学院宣布将诺贝尔生理学或医学奖授予瓦克斯曼，以表彰他发现了链霉素。他的获奖不仅仅是因为链霉素，而是因为他发明了一系列分离抗生素的方法和技术，使他的实验室分离了多种抗生素。由于链霉素的发现，人们为了获得其他的抗生素而开始对土壤微生物进行积极和系统的探索。不久，人们又发现了四环素。

事件解析

1. 瓦克斯曼收集的是细菌，而不是霉素。像放线菌这种含有大量抗生物质的细菌，世上少之又少。实践证明，能产生抗生物质的细菌大多是放线菌。可是，这一切都是巧合吗？显然，不是的。任何事物的成功都需要很多因素。

2. 瓦克斯曼的成功是在无数勤勤恳恳的人的支持下才获得的，成功来之不易。学会与他人合作，发挥团队精神，可以使我们收到事半功倍的效果，可以使我们的学习、工作更快向前发展。

3. 瓦克斯曼付出了常人所不知的艰辛，发扬不怕苦、不怕累的精神，去攻克一个又一个难题。不管你想不想成就大事业，吃苦精神都是每个人必须要有的品质。

4. 瓦克斯曼发明的一系列分离抗生素的方法和技术，使他的实验室分离了多种抗生素。由于这些发现，人们为了获得其他的抗生素开始对土壤微生物进行积极和系统的探索。不久，人们就发现了四环素。

科学思想与启示

瓦克斯曼对科学研究的执着和追梦精神深深地感染着一代又一代人。他的故事告诉我们，在科学研究的道路上，要想到达梦想的巅峰，必须学会：①做一个谦逊的学者，虚心向成功者学习，努力提高自己，修炼自己，发展自己。②从事科学研究工作要具有冒险精神和奉献精神。科学的东西往往是深藏不露的，绝不是伸手就可以触及的，它需要研究者具有不厌其烦的耐心，坚持不懈的恒心，不怕失败的诚心，勇于奉献的爱心！③要有坚强的后盾，要有通力合作的精神，共享成果的品格。④无论做什么事情，都一定要做你自己喜欢做的事，梳理思路，盯准目标，用乐观的心态、必胜的信念面对它，你一定会笑到最后。

科学的灵感，绝不是坐等就可以等来的。如果说，科学领域的发现有什么偶然机遇的话，那么这种“偶然机遇”只会给那些有准备的人，给那些善于独立思考的人，给那些具有锲而不舍精神的人，而绝不会给懒汉！

十六、追求梦想的人

——反转录酶的发现

科学事件

戴维·巴尔的摩

戴维·巴尔的摩（David Baltimore，1938— ），是一名美国微生物学家。他是他那个时代最具影响也是最具争议的生物学家。巴尔的摩是脱氧核糖核酸重组技术（DNA recombinant techniques）的先驱。1975年，他与美国遗传学家霍华德·马丁·特明（Howard Martin Temin）、意大利籍病毒学家雷纳托·杜尔贝科（Renato Dulbecco）共同获得诺贝尔生理学或医学奖，并于1999年凭借他对病毒学、分子生物学以及免疫学的研究获得国家科学奖章。

巴尔的摩的父亲是理查德·巴尔的摩（Richard Baltimore），母亲是格特鲁德·利普希茨（Gertrude Lipschitz）。高中时代，巴尔的摩参加了在缅因州巴尔港的杰克森纪念实验室（Jackson Memorial Laboratory）为具有科学天赋的学生举办的暑期项目，从那时起他就决心要成为一名分子生物学家。在那里巴尔的摩获得了和生物学家们交流的机会，并有机会独立进行几个实验。他还在那儿遇见了他后来的同事霍华德·马丁·特明，特明那时刚从大学毕业，是他们小组的“权威”。1956年，巴尔的摩进入宾夕法尼亚（Pennsylvania）的斯莫斯摩尔学院学习并在4年后以优秀的成绩获得学士学位。随后，他又在麻省理工学院（Massachusetts Institute of Technology）开始研究生的学习，但后来又转入纽约的洛克菲勒学院（Rockefeller Institute），即如今的洛克菲勒大学，并在那儿和专攻动物病毒的分子物理学家理查德·富兰克林（Richard

Franklin）共事。那时，巴尔的摩的研究重点已转为研究核糖核酸病毒，尤其是脊髓灰质炎病毒是如何在细胞内繁殖的。

1964年，获得博士学位的巴尔的摩作为博士后在麻省理工学院继续他的研究，之后又就读于纽约市的阿尔伯特·爱因斯坦医学院。1965年，他接受了位于加利福尼亚州拉霍亚的索尔克生物研究学院（Salk Institute for Biological Studies）的一个研究助理职位，当时与他共事的是著名病毒学家雷纳托·杜尔贝科，杜尔贝科是开发研究动物病毒实验室新技术的专家。1968年，巴尔的摩回到麻省理工学院，被任命为微生物学副教授。

巴尔的摩最初选择研究骨髓灰质炎病毒，当时他认为所有的核糖核酸病毒的复制系统都是一样的。然而，科学家们却在20世纪60年代证实骨髓灰质炎病毒并不代表所有病毒，事实上还存在着其他的复制系统。于是巴尔的摩开始根据病毒的复制方式将它们分类，在这一过程中的发现使他后来获得诺贝尔生理学或医学奖。几乎与此同时，另一位科学家霍华德·马丁·特明也通过自己独立的实验得到了和巴尔的摩同样的发现。两位科学家接连报告了他们的发现，并在英国期刊《自然》（*Nature*）的1970年6月刊上发表论文。

1964年，还是麦迪逊市威斯康星大学副教授的霍华德·马丁·特明称核糖核酸病毒可以在其寄主细胞的脱氧核糖核酸内进行自我复制。而传统思想认为，遗传信息是先由脱氧核糖核酸到核糖核酸最后到蛋白质这样单向传递的。特明的假说却与传统思想相悖，因而遭到当时科学家们的批评。特明和巴尔的摩于是开始研究本身并不含有脱氧核糖核酸的核糖核酸是如何把它的遗传信息传递给其宿主细胞的。两位科学家都找到了一种生化酶，这种酶可以使单链的核糖核酸病毒自我复制，并因此使其可以和宿主细胞中的双链的脱氧核糖核酸相容。由于这种酶可以使遗传信息由核糖核酸传递给脱氧核糖核酸，因此被称为反转录酶（Reverse transcripatase）。

霍华德·马丁·特明

事件解析

1. 巴尔的摩对整个世界有着广泛的兴趣，他不是狭隘地只对科学研究感兴趣，而是对社会问题都充满兴趣。童年时的巴尔的摩就已经开始关注着报纸上刊登的各类消息，这种锻炼使得他在看问题的时候有更广阔的视野和更深入的思考，这也是他成为领军人物的重要原因。

2. 巴尔的摩对每件事都采取一种科学家的思维方式，用哲学的思想辩证地看问题，在他的思想里，没有什么事情是绝对不变的。他从来不对某件事做绝对的判断，总是有更多的事情需要学习，更多的观念需要更新，所以他习惯于向别人学习，也必须向别人学习。

3. 过分注重分数在学习中的作用，创造性就会被抹杀。很多学生在学校里成绩不是很好，但进入社会后却很优秀，通过自己的努力，最终获得了事业上的成功。在商业上成功的人，大多也不是在学校里考试成绩最好的。巴尔的摩在中学里就不是最优秀的学生。

4. 追随自己的梦想，并全身心地投入去实现它。巴尔的摩在高中时就立志要成为一名分子生物学家，在不断地积累和努力下，巴尔的摩最终实现了他的梦想。

5. 敢于冒险绝对是成功最重要的一点，在硅谷有这么一句话："你永远不要相信从没有失败过的人。"一般都认为失败是不好的事情，但我们认为失败是一个学习过程。

当时，人们公认中心法则，但巴尔的摩不怕权威，敢于向传统说不，怀着冒险的精神，在科学高峰上不断攀登，最终获得可喜硕果。

科学思想与启示

反转录酶的发现是一个科学的研究过程，即存在问题—提出假说—验证假说的过程。通过反转录酶的发现，我们可以获得很多启示。不论是巴尔的摩，还是特明，每个人都要培养敢于向传统观念挑战、不畏权威、勇于挑战自己的科学精神，培养自己的科学素养。用信念和坚持不懈的努力来证明自己存在的价值，最终都能实现自己的远大理想。巴尔的摩的成功也告诉我们科学研究的一个模式，在这个模式中“问题”的发现和“假说”的提出都很重要。它要求我们要善于观察事物的本质，发现问题，确定研究目标。只有研究方向正确了，才能少走弯路或者不走弯路。在科研中，科学问题的提出，是正确地验证科学问题、得出正确结论的关键。

十七、中国科学家的骄傲

——人工合成牛胰岛素

科学事件

在桑格测定出牛胰岛素的化学结构并获得诺贝尔奖后，有人在国际权威杂志上发表言论：人工合成牛胰岛素还有一段很长的路要走。中国想要挑战这个世界上的难题，所以，人工合成牛胰岛素这一重大科研项目一经提出，立即得到中国国家领导的重视。

1959年，在沈昭文的指导下，氨基酸的生产工艺建立起来，胰岛素 B 链中几个小片段人工合成完成；其后，杜雨苍、张友尚等发现：天然胰岛素 A、B 链经 S- 磺酸化后，不仅能分离纯化得到稳定产物，而且容易进行 A、B 链的重组，并得到有5% ~ 10% 的胰岛素活性产物。这一成功，奠定了胰岛素合成可以采用化学合成 A、B 链的路线，至此，胰岛素的合成研究取得了初步的进展。在此后的几年里，虽投入了“大兵团作战”，但并未取得实质性突破。

直到1963年，由邹承鲁领导研究的天然胰岛素 A、B 链重组生成胰岛素的产率，由原来的5% ~ 10% 提高到50% 左右；1964年，钮经义、龚岳亭领导的多肽合成组人工合成 B 链，并与天然 A 链重组构建胰岛素获得成功；1965年，在王应睐所长的同意和支持下，中国科学院上海生物化学研究所与北京大学和中国科学院上海有机化学研究所的科学家通力合作，向人工合成牛胰岛素这一世界性的科研难题发起挑战。由汪猷和邢其毅领导的联合研究小组完成了胰岛素 A 链的化学合成，与上海生化所

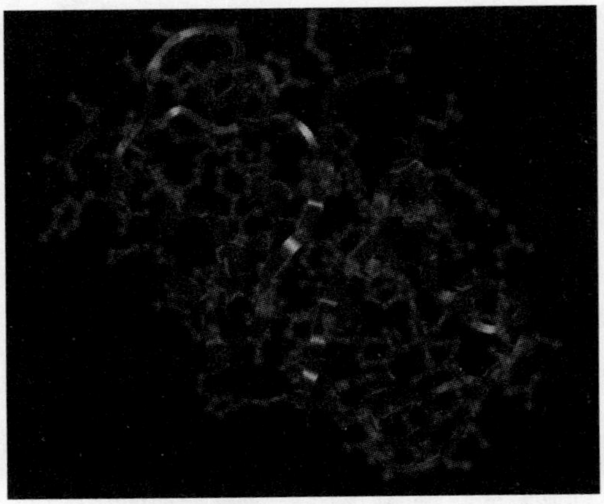

人工合成牛胰岛素

化学合成的胰岛素B链进行重组，成功合成牛胰岛素。

在20世纪60年代中期上海有机所的一个实验室里，北大教师叶蕴华和她的同事们正在进行一个有趣的实验：为了测试人工合成的牛胰岛素是否具有生物活性，她们将其注入小鼠体内，观察它能否出现预期中的惊厥反应。“跳了！跳了！小白鼠真的跳了！”看着小白鼠的反应，所有在场的研究人员都抑制不住内心的激动，经过无数次艰难尝试和努力，这一刻化作了初战告捷后的喜悦。中国科学家历经八年的科研攻关，成功合成了牛胰岛素。

随后，由曹天钦主持起草论文，将这一重要科学研究成果首先以简报形式发表在1965年11月的《中国科学》杂志上，并于1966年4月全文发表。

第二年，瑞典皇家科学院诺贝尔奖评审委员会化学组主席专程来到中国，研究评选有关人工合成牛胰岛素的中国科学家获奖事宜。由于当时中国处在一个特殊的时期——“文化大革命”时期，且人工合成牛胰岛素是我国众多科学家集体研究的成果，不符合该奖授奖对象最多为三人的规则，因此，中国科学家与诺贝尔奖擦肩而过。但是，王应睐对生物科学的巨大贡献是国内外公认的。他的故事，应该让每一个中国人知道。

事件解析

1. 胰岛素是一种蛋白质激素，它能促进蛋白质合成，阻止蛋白质分解。过去，人们普遍认为蛋白质是天然的，人工合成蛋白质激素是不可能的，中国人首次让它变成可能。这是很多中国科学家共同努力的结果，是集体的力量，才有人工合成牛胰岛素的诞生。如果没有协作和奉献精神，人工合成胰岛素在当时的条件下可能只是南柯一梦。

2. 由于历史原因，中国科学家与国际最高荣誉失之交臂，实在令人感到可惜和遗憾。

3. 简陋的条件与信息的闭塞，并没有把中国最早合成蛋白质的科学家吓倒。我国科学家在落后的科研条件下，靠着智慧、协作、奉献和开拓精神，在人工合成牛胰岛素方面为世界科技写下了浓墨重彩的一笔。

4. 牛胰岛素的合成，是生命科学发展史上一个新的重要里程碑，在揭示生命奥秘的伟大历程中迈进了可喜的一大步。它标志着人工合成蛋白质时代的开始。中国是第一个合成人工牛胰岛素的国家，这是中国自然科学基础研究的重大成就。这项成果获1982年中国自然科学一等奖。

科学思想与启示

在科学研究的路上，不管努力的目标是什么，不管做的是什么，单枪匹马总是没有力量的。合作永远是一切善良思想的人的最高需要。正如艾思奇所说："一个人像一块砖砌在大礼堂的墙里，是谁也动不得的；但是丢在路上，挡人走路是要被人一脚踢开的。"

再小的花朵，也需要雨水的滋润、沃土的给予、阳光的哺育及绿叶的衬托，这样才会绽放得更加美丽娇艳。同样，一个人若想有所发展，他就离不开众人对他的帮助与支持，离不开相互沟通、相互合作。只有不惧困难、勇于挑战，我们才会有所收获。

十八、"送袜子"引发的思考
——色盲症的发现

科学事件

约翰·道尔顿

约翰·道尔顿(John Dalton，1766—1844)，英国化学家、物理学家、近代化学之父。道尔顿家境贫寒，自幼就坚持自学，毫不松懈。无论是数学、自然科学，还是哲学、文学，他都广泛涉猎。

"午夜方眠，黎明即起"是道尔顿的座右铭，他正是以这种强烈的事业心和对自然科学的极端爱好，在科学研究探索的道路上奋斗了整整26年，终于迎来了他才华横溢的鼎盛时期。

在一个圣诞节的前夕，道尔顿买了一件礼物——一双棕灰色的袜子，送给妈妈。妈妈看到袜子后，感到袜子的颜色过于鲜艳，就对道尔顿说："你买的这双樱桃红色的袜子，让我怎么穿呢？"道尔顿感到非常奇怪，袜子明明是棕灰色的，为什么妈妈说是樱桃红色的呢？疑惑不解的道尔顿又去问弟弟和周围的人，除了弟弟与自己的看法相同以外，被问的其他人都说袜子是樱桃红色的。他的朋友们都开玩笑说："照你所说，你将永远也看不到女性美丽动人的面容。你会把她们面颊上那羞涩的红晕，看成一片浅蓝。"

道尔顿没有放过这一偶然发现。他不仅仔细分析了自己的体验，还对周围人做了各种调查研究。在此基础上，他又经过多方考查验证，写出了一部科学著作——《论色觉》。这是人类第一次发现色盲症，而道尔顿是色盲症的第一个发现者，也是第一个被发现的色盲症病人。

事件解析

1. 善于发现问题是科学精神的重要表现。科学的发现始于问题的发现。问题是人们对日常生活中的小事的分析与思考，只有发现了问题，才能触动人们的好奇心，从而激发科学探索的兴趣。道尔顿对袜子颜色的事情，没有掉以轻心，经过不断的思考与研究，终于发现了色盲症。1994年的诺贝尔化学奖得主乔治·欧拉说过：好奇心促使人类做许多事情，尤其是科学。这一点用在道尔顿身上再合适不过了。道尔顿对袜子的好奇心使得他不断分析研究，最终获得成功。

2. 艰难的环境可以让人沉沦，也可让人奋起。只要具有坚强的毅力和积极进取的决心，就能发挥潜在的能力而取得成功。虽然道尔顿家庭经济困难，但这激发了他的进取精神。这就是所谓“艰难困苦，玉汝于成”。

3. 好学深思，坚忍不拔，解不出难题决不罢休，是进行科学研究必备的要素。普拉图斯说过：“万事皆由人的意志创造。”道尔顿最终发现色盲症和他决不罢休的意志是分不开的。“业精于勤荒于嬉，行成于思毁于随”。道尔顿午夜才睡觉，黎明还没到就起来工作了，可见，他为了工作，付出了很多，体现了他对事业强烈的热爱和责任心。

科学思想与启示

我们应该重视所能获得的一切信息，并进行正确的综合分析和判断。培根说：“知识是一种快乐，而好奇则是知识的萌芽。”每个人都要有一颗好奇心。同时，我们还要充分利用身边的资源，特别是他人的帮助。当然，我们也要经常感谢那些帮助过我们的人。

困难并不是我们的敌人，而是我们的恩人，它培养了我们的心智。世间最容易的事是坚持，最难的事也是坚持。说它容易，是因为只要愿意做，人人都能做；说它难，是因为真正能做到的，终究只是少数人。

十九、生物分类的经典
——双命名系统

科学事件

自然界中的生物种类极其繁多，每种生物都有它独特的名称以互相区别。但由于各个国家存在着语言差异，同一种生物在不同的国家、地区、民族叫法各不相同，常常造成混乱，不利于学术交流。生物学家在很早以前就对创立世界通用的生物命名法问题进行探索，提出了很多命名法。但由于这些方法都不太科学，所以没有广泛采用。

15世纪末，是欧洲的大航海时代，科学技术日新月异，许多航海归来的生物学家和博物学家带回了世界各地的大量动植物、化石等标本，并用自己的喜好为之命名，造成一物多名，或异物同名的混乱现象。

18世纪，对生物物种进行科学的分类变得十分迫切，林奈正是生活在这一科学发展新时期的一位杰出的代表。在林奈以前，由于没有一个统一的命名法则，各国学者都按自己的一套工作方法命名植物，致使植物学研究困难重重。困难主要表现在三个方面：一是命名上出现了同物异名、异物同名的混乱现象；二是植物学名冗长；三是语言、文字上的隔阂。

卡尔·冯·林奈（Carl von Linne，1707—1778），生于瑞典。植物学家、冒险家、分类学之父。

林奈的父亲尼尔斯·英格玛森是一位乡村牧师，是业余的植物学家。他对园艺非常爱好，空闲时精心管理着花园里的花草树木。幼时的林奈，受到父亲潜移默化的影响，十分喜爱植物，常和父亲在花园里消磨时间。林奈由于经

卡尔·冯·林奈

常将所看到的不认识的植物重复地拿来询问父亲，受到父亲的训诫。从此，林奈努力地记住每个植物的名字。但这并不是一件容易的事，因为那是一长串拉丁文单词。在小学和中学，林奈的学业不突出，只是对树木花草有着异乎寻常的爱好。他把大部分时间和精力用于野外采集植物标本及阅读植物学著作上，从同学那里获得“小植物学家”的称号。

1727年，林奈以优异的成绩考取了瑞典隆德大学，但由于家境贫寒，他无力支付上大学的费用。幸运的是，隆德大学的教授斯托俾尔斯收留了他。斯托俾尔斯是瑞典有名的自然科学家和医生，但他的脾气乖戾暴躁，待人非常刻薄。林奈在怪僻老人身边生活，处处都要小心翼翼，谨慎从事，还要忍受着莫名的训斥。但他对来自各方面的刁难和责怪从不放在心上，他把全部注意力放在斯托俾尔斯的藏书室里。每逢借到一本书便如获至宝，通宵达旦地研读。长期如此，便引起了斯托俾尔斯母亲的注意。在斯托俾尔斯母亲的批准下，林奈可以随意出入斯托俾尔斯的藏书室。林奈进一步采集和精心制作各种植物的标本，为后来的成功打下了坚实的基础。

1728年，他以优异的成绩考取了瑞典首屈一指的乌布萨拉大学，攻读医学。在大学里，他很快发现这里的图书馆和植物园是两个博大的知识世界。他把图书馆和植物园作为学习的主课堂。有一次，林奈没有去听课，他在植物园里，正聚精会神地观察一种植物的自然特征时，摄尔思教授悄悄地来到他的面前，而林奈竟然毫无察觉。老教授非常欣赏他专心致志思考问题的态度。老人与林奈攀谈起有关植物学的问题。林奈的回答给了他深刻的印象。虽然林奈外表看起来衣衫褴褛，面容憔悴，但思维敏捷，知识渊博，在植物学上见解不凡。当摄尔思教授知道林奈已经收集了几百种压制花草时，便邀请林奈到他家住。摄尔思教授深知，科学的未来将属于勤奋好学的青年。摄尔思教授的耐心指导，使林奈开阔了思路，获得了知识，对植物分类学的研究又向前迈进了关键的一步。在大学期间，林奈系统地学习了博物学及采集和制作生物标本的知识和方法。他充分利用大学的图书馆和植物园进行植物学的学习。

1732年，林奈和克拉斯·索尔伯格在荷兰附近考察。尽管生活艰苦，经常忍饥挨饿，但他对考察工作一丝不苟，从不放过任何观察的机会。他发现了100多种新植物，采集了大量罕见的植物和奇花异草的标本并记述了它们的生长形态，进一步充实了他的知识宝库。

1735年，林奈讲学荷兰，又游学欧洲各国，考察了许多地方。在欧洲各国，他结识了一些当地的著名植物学家，收集了一些国内所没有的植物标本。

1737年，他在荷兰出版了第一部著作《自然体系》。此书对整个自然界进行了整理分类。该书出版后，轰动植物学界。

1738年，林奈回到故乡，他回到乌布萨拉大学任教，著书立说。从1741年起，他担任植物学教授，潜心研究动植物分类学。1753年，林奈发表了《植物种志》一书，这是他历时7年的心血结晶，在这部著作中共收集了5 938种植物，用他新创立的“双名命名法”对植物进行统一命名。“双名命名法”具体为：以拉丁文来为植物命名，第一个名字是属的名字，第二个是种的名字，属名为名词，种名为形容词，即形容物种的特性，或可加上发现者的名字，以纪念这位发现者。这种经典而又严谨的命名方法一直延用至今。

事件解析

1. 植物的家族庞大而杂乱无章，将其排序、分门别类地加以命名并非易事，它耗尽了林奈的全部精力和心血。这无疑是一项前无古人的伟大创举。完成这样一个伟大的事业需要有超人的毅力和勇气，需要克服重重艰难险阻，但林奈做到了；他需要历尽千山万水，进行实地考察，需要用很多知识去解决所遇到的困难，林奈也做到了。当林奈对各种植物进行有序分类和命名后，他找到了快乐，找到了属于他自己的精神家园。他把植物分类这个宝库当成自己的乐园，他陶醉在这块知识的圣地，尽情地享受着知识的清新，他贪婪地要把这个小藏书室的全部知识装入自己的脑海。

2. 任何一个有志于寻觅知识的人，总是千方百计、绞尽脑汁地寻找知识的海洋，然后一头扎进去，汲取其中的知识养分。只有足够的知识积累，才能攻克一个又一个科学堡垒。

3. 在科学的道路上布满了荆棘，常人望而却步，只有决心为科学奋斗的人，才会不畏艰难困苦，勇往直前。科学考察，使林奈完成了前人未能完成的业绩，他所获得的一切标本和资料都是血汗的结晶。命运总是掌握在自己手里，奋斗目标明确的人，也是铸造自己命运的人。

4. 林奈能取得这些成就，不仅是因为他对植物的特殊情感，还在于他能够仔细观察、专心思考，具有广博的经历以及有利的学习、深造条件等。同时他十分重视前人的工作，虚心取人之长并加以发展。

5. 在林奈看来：知识的第一步，就是要了解事物本身。这意味着对客观事物要具有确切的理解：只有通过有条理的分类和确切的命名，才可以区分并认识生物物种。

6. 用拉丁文为植物命名，他创造性地提出了“双名命名法”，并对其著作《植物种志》一书中收集的5 938种植物进行了统一命名，被人们称为万有分类法，至今仍然具有国际性重大意义。同时，把前人的全部动植物知识系统化，摒弃了人为地按时间顺序分类的分类法，选择了自然分类方法，简化了植物分类法。此后他在深入研究中又发现了植物杂交法，为 19世纪植物杂交法的研究奠定了基础。这一伟大成就使林奈成为18世纪杰出的科学家之一。

科学思想与启示

光明的未来属于勤奋和坚持不懈地学习的人。林奈从小就不怕困难，勤学好问，善于请教，在名师的指点下，凭借自己不断的努力和勇于探索的精神，最终成为一流的植物分类学家。林奈的发展轨迹告诉我们一个道理：书籍是获取知识的海洋，而实践则是通往成功的光明大道。一个成功的人，必须有志于勤奋学习，刻苦钻研，勇于开拓，自强不息。

学习中，我们要学会谦虚和善于提问，对知识的交流和探讨有助于知识的发展和进步。所以，不管我们以后从事什么样的工作，虚心请教，吸取别人的经验或意见，积极对问题进行分析和思考，并有所发展，才是取得成功的诀窍。

二十、远航的发现

——自然选择进化理论

科学事件

中国《易经》中的阴阳、八卦说，把自然界还原为天、地、雷、风、水、火、山、泽八种基本现象，并用阴阳、八卦来解释物质世界复杂多变的规律。古希腊阿那克西曼德认为生命最初由海中软泥产生，原始的水生生物经过蜕变成为陆地生物。中世纪的西方，基督教《圣经》把世上万物描写成上帝的特殊创造物。这就是所谓特创论。与特创论相伴随的目的论则认为自然界的安排是有目的性的，“猫被创造出来是为了吃老鼠，老鼠被创造出来是为了给猫吃，而整个自然界创造出来是为了证明造物主的智慧”。

从15世纪后半叶的文艺复兴到18世纪，是近代自然科学形成和发展的时期。这个时期在科学界占统治地位的观点是不变论。

18世纪末至19世纪后期，许多动植物学家都偏离了唯物主义，坠入唯心主义，特别有名的是法国的拉马克。而查尔斯·罗伯特·达尔文（Charles Robert Darwin，1809—1882）的进化论却从生物与环境相互作用的观点出发，认为是生物的变异、遗传和自然选择作用导致生物的适应性改变。

查尔斯·罗伯特·达尔文

达尔文在上中学时，还是一个整天游手好闲的人，并不是现在我们所认为的肩负历史使命的天才。有一次，他的父亲指责他说：“你除了打猎、玩狗、抓老鼠，其他的什么都不会，你将会是我们这个家族的耻辱。”

当时，爱丁堡大学拥有英国最好的医学院，达尔文的祖父和父亲都曾在那里学习，并且都成了名医。他的祖父和父亲希望他将来继承祖业，但达尔文对学医不感兴趣。进到医学院后，他仍然不务正业，经常到海边向当地人学习采集生物标本的方法，并对标本进行解剖、记录和观察。父亲知道后，一怒之下，于1828年又送他到剑桥大学，改学神学，希望他将来成为一个尊贵的牧师，这样，可以继续他对博物学的爱好而又不至于使家族蒙羞，但是达尔文丝毫不明白父亲的心意，对自然历史的兴趣变得越发浓厚，完全放弃了对神学的学习。在剑桥学习期间，达尔文结识了当时著名的植物学家J. 亨斯洛和著名地质学家席基威克，从他们那里，达尔文学到了如何挖掘和鉴定地质矿物标本，并接受了植物学和地质学研究的科学训练，为将来从事自然科学研究奠定了坚实的基础。

1831年，达尔文于剑桥大学毕业后，他的老师亨斯洛推荐他以博物学家的身份参加英国海军小猎犬号舰环绕世界的科学考察航行。达尔文同意了。

这次旅行给达尔文提供了深入自然的机会，每到一个地方，达尔文都要对当地的动植物做仔细的考察和研究，并采访当地人。有时，请他们当向导，跋山涉水，白天采集矿物和动植物标本，挖掘生物化石，发现许多没有记载的新物种。晚上，他又忙着记录白天搜集的过程。看着这些标本，他头脑中浮现了很多问题：自然界的万物是怎么产生的？人类又是怎样产生的？为什么它们有那么多相似性和差异性？他们有什么联系吗？各地的所见所闻，让他明白随着时间的推移，物种都是逐步变化的。当时的达尔文说不出这是为什么，为了弄清楚这些问题，他请教过农夫、种子供应店店主以及家畜、家禽饲养人。他还亲自养鸽子，观察家鸽在人工饲养条件下和野生的鸽子有何不同。

在这次环球考察中，达尔文搜集了很多资料，一方面，他整理这些资料，进行深入研究；另一方面，他阅读了大量书籍，为他的生物进化理论寻找证据。回到英格兰后，他一直忙于研究，立志成为一个推进进化论的科学家。

1838年，他偶然读了T. 马尔萨斯的《人口论》，从中得到启发，更加确定他自己正在发展的一个很重要的想法：世界并非是在一周内创造出来的，地球的年纪远比《圣经》所讲的要老得多，所有的动植物也都改变过，而且还在继续变化之中。至于人类，可能是由某种原始的动物转变而成的，也就是说，亚当和夏娃的故事根本就是神话。达尔文领悟到生存斗争在生物生活中的意义，并意识到自然条件就是生物进化中所必须有的“选择者”。

他对发表研究结果抱有极其谨慎的态度。1842年，他开始撰写一份大纲，后将它扩展至数篇文章。1858年，出于年轻的博物学家R. 华莱士的创造性顿悟的压力，加之好友的鼓动，达尔文决定把华莱士的文章和他自己的一部分论稿呈交专业委员会。1859年，他出版了震惊当时学术界的《物种起源》这一划时代的著作，提出了19世纪自然科学的三大发现之一——“生物进化论”学说。书中用大量资料证明了所有的生物都不是上帝创造的，而是在遗传、变异、生存斗争中和自然选择中产生的。生物进化论学说的提出，摧毁了唯心的神创论和物种不变论。

在《物种起源》发表后的20年里，达尔文一直没有中断科学工作。到了晚年，达尔文心脏病严重，但他仍然坚持工作。就在去世前两天，他还带着重病去记录实验结果。

事件解析

1. 达尔文有着敏锐的洞察力、勇于探索的科学精神、谦虚的治学态度。环球航行是一件艰辛的事，需要很大的毅力，达尔文做到了。重要的是，达尔文对物种的研究有浓厚的兴趣，并且可以为之付出一生的努力，这更是常人难以做到的。

2.《物种起源》的出版，在欧洲乃至整个世界都引起了轰动。它第一次把生物学建立在完全科学的基础上，该书通过大量的科学事实，对地球上的生物进化进行了全面、系统的科学阐述，以全新的生物进化思想推翻了“神创论”和“物种不变”的理论，沉重地打击了神权统治的根基。为辩证唯物主义自然观的确立奠定了基础，在欧洲甚至整个世界引起了轰动，标志着进化论的产生。

科学思想与启示

科学研究，对于科研工作者来说都是苦乐交织的。因为它是一个个探究和发现的过程，需要克服困难，刻苦努力。也正是在这个过程中，我们不断地发现自身的潜能，获得一种不断超越自我的快乐，而一直支持我们快乐研究的支柱就是兴趣。所以，我们在发展的道路上不要忘记兴趣的重要性。当你与兴趣成为朋友的时候，它可以使我们走向人生的光明；当你与兴趣成为敌人的时候，它也可以使我们走向黑暗。千万不要忘记，当你选择了兴趣，你就拥有了快乐，而快乐会伴随着你走向成功的彼岸。

任何工作都是琐碎的。所以，你不但要有耐心和毅力，而且要有自己的兴趣，兴趣是伴随你走向事业辉煌的关键因素。只有当你觉得你所做的事情是你所热衷的事情时，你才不会觉得厌烦、痛苦。一定要谨记：做一行，就要爱一行；因为爱一行，所以才能做好一行。

二十一、留取“肝胆”照春秋

——肝胆专家吴孟超

科学事件

在我们所学的人体知识中，肝脏的大体结构是这样的：表面光滑，密布的血管、胆管、淋巴管在其中交错纵横。这个解剖标本是谁研究出来的？这就是我国著名的肝脏外科专家吴孟超院士。

吴孟超，1922年生于福建省，毕业于同济大学医学院。擅长肝胆疾病的各种外科手术治疗，尤其擅长肝癌、肝血管瘤等疾病的外科手术治疗，2005年度国家最高科学技术奖获得者，是著名肝胆外科专家，中国科学院院士，被誉为中国肝胆外科之父。2011年，中国将17606号小行星命名为吴孟超星。

1956年，吴孟超开始转向肝脏外科时，这个领域被称为医学禁区。不仅中国在这方面的研究和实践是空白，国际上能查到的文献也寥寥无几。

1958年，在吴孟超的积极要求下，长海医院成立攻关小组，开始向医学禁区的肝胆外科进军。在外科实践中，吴孟超觉得了解清楚肝脏的结构和血管的走向是最为基础的工作，于是决定首先制作出肝脏血管的模型。可制作模型的各种方法都试验过了，一点儿进展也没有，吴孟超心急如焚，寝食难安。

1959年，我国运动员在第二十五届世界乒乓球锦标赛上夺得冠军，这令吴孟超为之振奋。振奋之余，吴孟超脑海中突然闪现出了那只小小的乒乓球，它能否做材料呢？于是，他买来了乒乓球剪碎了放入丙酮，等待着它的溶解。第二天，瓶中的乒乓球果然溶为液体状。他们兴奋起来，为了节约开支，他们直接从乒乓球厂买来了赛璐珞，在里面加入红、蓝、白、黄几种不同的颜色，分别从肝动脉、肝静脉、门静脉和胆管注入，使得肝脏内部纵横交错的粗细血管被全部充满。待赛璐珞凝固后，再用盐酸腐蚀肝表面组织，最后用刻刀一点点剔除干净，雕刻成镂空。肝脏血管构架清楚地呈现出来，由粗到细，枝杈般向外延伸开来。大家兴奋异常，因为各个枝杈有不同颜色，不知谁激动地喊出："像珊瑚！" 大家都沉浸在成功的喜悦中。

经过4个多月的艰苦努力，我国第一具结构完整的人体肝脏血管模型诞生了。吴孟超接下来一鼓作气，共制作肝脏标本108个、肝脏固定标本60个。通过制作标本，吴孟超对肝脏内部构造以及血管走向了如指掌，这为他日后施行肝脏手术打下了坚实的基础。通过大量的研究，吴孟超觉得以前把肝分成左右两叶的说法不全面。实践证明，人的肝脏分成左外、左内、右前、右后和尾状五个叶，左外叶和右后叶又各分两段，共四段。由他提出来的五叶四段的肝脏解剖理论一直沿用至今，大大提高了手术的成功率。除此之外，吴孟超还对肝脏手术后发生的代谢变化进行了潜心研究，提出了纠正的方法，为肝脏手术提供了安全保障，手术死亡率由20世纪50年代的33%，降低到现在的0.35%。

1960年，长海医院迎来了一例肝癌切除手术。医院格外重视这次手术，派出最强大的阵容来完成手术：由外科主任郑宝琦亲自主刀，吴孟超为助手，院长也到手术室坐镇。就在手术开始前的最后一刻，郑宝琦却把机会让给了吴孟超这位年轻人，在恩师的信任和鼓励下，吴孟超鼓起勇气，接受了这个挑战。手术成功了，三个星期后，病人康复了。这是长海医院第一次成功的肝外科手术，也是全国肝脏外科成功的第一例手术。报纸称赞：这是我国肝胆外科史上一个划时代的转折点。长海医院的名气渐渐传开了。

1975年，农民陆本海慕名找到吴孟超，他的肚子看上去像一个怀胎十月的孕妇。据了解,8年前，陆本海肝上长了个拳头大小的肿瘤。当地医生一检查，直径有4厘米，诊断为癌。两年过去了，陆本海还活得好好的，只是肚子越来越大。之后，陆本海成了个“孕妇”，痛苦万分。吴孟超为他做了仔细的检查：肚子很硬，鼓得很大。再进一步检查，诊断为巨大肝海绵状血管瘤。国外把4厘米以上的血管瘤称为“巨大”，眼前这个不小于50厘米的血管瘤可谓是瘤中的“巨无霸”了。把病人推出去，顶多被认为是责任心不强，不会对医术和名声造成影响。但吴孟超不能见死不救。“医生就是要把病人一个个背过河。”裘法祖老师的教诲在吴孟超耳边响起。可要切除这样巨大的肿瘤既无先例，也没有十足把握。万一有闪失，不仅不能解除病人的痛苦，还会断送了病人的命。但看着痛苦万分的陆本海祈求生存的目光，吴孟超决定冒险为他做手术。

到了手术的日子，吴孟超打开了陆本海的腹腔，一个巨大的蓝紫色肿瘤，随着陆本海的呼吸上下起伏，令人毛骨悚然。血管瘤就是血管上长的瘤，里面外面被血管包围，充满了血。像一个血包，碰到哪儿，稍有不慎就会破，出现大出血。吴孟超沉着地切断瘤体上的一根血管，止血，再切断一根，再止血，一丝不苟地分离那个瘤体。随着时间一点一滴地流逝，助手们看着他做这些动作，都不敢呼吸了。要知道手术刀哪怕碰破一点瘤体，就将是鲜血喷涌。吴孟超的手一直在重复着这些动作，切断血管、止血、分离着瘤体。肿瘤考验着吴孟超的信心和耐心，考验着体力和毅力。汗水从吴孟超的额头渗出，时间一分一秒地走着。他告诫自己，要沉着冷静和细心。这个重达18公斤的血管瘤整整用了12个小时才被成功切下了，这也是世界上迄今为止最大的血管瘤。术后陆本海身体恢复得非常快，出院后像正常人一样在田里干活。2006年，他依然健康幸福地生活着。他切除下的这个肿瘤的重量至今保持着世界纪录。有专家说：“别说是三四十年前，就是现在，这个手术的难度也是大得可怕。”这次手术的成功使吴孟超发明了捆扎治疗血管瘤的新方法，医院用这个方法治疗肝海绵状血管瘤无一例失败。

尽管肝病听起来让人恐惧，吴孟超依然与病人拉手问诊。他不是不怕传染，而是为了拉近与病人的距离。从医几十年来，吴孟超亲眼见过三位医生因接触病人而死于癌症。有一次，针刺破了手指，手术后，护士立即拉住吴孟超打了免疫针。吴孟超笑着说，这种事很难避免。每年体检，吴孟超都是抗体阳性，这肯定与接触病人有关。

1979年，第28届国际外科学术会议在美国举行。参加这次会议的有美、苏、英等60多个国家的2 000多位著名外科专家。吴阶平、吴孟超、陈中伟、杨东岳作为中国代表团成员出席。第一次和国际顶尖级的专家交流，吴孟超心里是相当紧张。他有很多担忧，担心自己不能应对这一切。吴孟超又一想：参加交流不是代表自己，而是代表着中国，所以自己一定要把这次交流会拿下。出国前的一段时间，他做了很充足的准备。练口语，修改论文，搜集材料，每天只睡两三个小时。到了美国，他们四个人做了充分的准备和详细的分工。

大会开始，吴孟超忐忑不安。当听完两位外国专家发言说共做了18例肝外科手术后，吴孟超的心中有了底，想到自己做的手术远远不止18例，顿时心情放松了下来。

轮到吴孟超，他走上讲台。外国专家并不看好这位名不见经传、其貌不扬的演讲者。吴孟超？中国的肝胆外科？没听说过。这时，大会主席突然宣布：由于时间关系，将原定的15分钟发言时间改为10分钟。

吴孟超蒙住了。他的论文经过了多少次锤炼，精而又精，总结了18年来治疗原发性肝癌的经验，怎么也要15分钟才能讲完。就在这时，他看到三位战友在看着他，从目光中，他获得了力量，向吴阶平走去，与其商量对策。出国次数较多的吴阶平冷静地对他说："向会议主席要求延长5分钟。他们会理解的，但不要啰唆。"吴孟超向主持人讲明原因，会议主席略一思考，友好地一笑，同意了。

吴孟超用一口流利的英语进行了演讲。15分钟一到，演讲戛然而止。会场在短暂的宁静之后掌声雷动。人们放下了蔑视，换之以尊重，不停地提问。吴孟超四人一一作答。

在这次大会上，吴孟超被增选为国际外科学会会员。国际医学界用这种方式肯定了吴孟超，肯定了中国的肝脏外科学，这标志着中国的肝胆外科事业已跻身世界先进行列。

吴孟超，一位平凡而又不平凡的老人，思维敏捷，精神矍铄，87岁仍每天在手术台上做1至3台手术。他不愿意放弃手术刀。他认为，技术和研究成果是病人给的，必须回报人民，只要能拿得动手术刀，他就要站在手术台边，一直工作到不能做为止。

事件解析

1. 吴孟超在大学学习期间所受到的严格训练，以及自己的勤奋为医学研究打下了相当扎实的基础。肝脏外科在当时是学术上的难题，外国的专家都无法破译其中的密码，吴孟超凭借扎实的医学基础和不断钻研的精神，最终克服了一个个难关。1956年起吴孟超开始主攻肝脏外科，在长达50多年的职业生涯中，他几乎每天都在工作，一双手曾为13 600多名肝病患者解除病痛。中国肝脏外科重大的标志性手术几乎都是由他完成的。病人称吴孟超为神医，同行们称他为"神刀"。许多高难度手术迄今为止仍处于世界上无人问鼎的肝脏外科手术的塔尖。他身上的荣誉、头衔数不胜数。但他从不在乎这些。

2. 在1956年之前，肝脏外科被称为医学禁区。吴孟超却没有认为那是一个高不可攀的神话，沿着自己的理想，不断努力行进着。当他还在为找不到合适的肝脏模型材料苦恼时，小小的乒乓球给吴孟超带来了灵感，可谓是解了燃眉之急。

3. 患有巨大肝海绵状血管瘤的农民陆本海找到吴孟超时，吴孟超完全可以不接收这个病人，而且这完全不会对他的名声造成影响，但强烈的责任感和医德告诉他不能这样做。在他准确的诊断和精密的安排下，陆本海的生命得以挽救。这折射出吴孟超宁可担负失败的风险，也要挽救患者性命的高尚精神，这也是他所具备的个人魅力。吴孟超具有超强的毅力和耐力，手术中的每一个步骤，他都小心翼翼，没有半点马虎，因为这关系到一个人的生命。

4. 医学是一门需要安全和冒险的事业，在一些前人从未涉及的领域，需要独特的创造性，创造出一个又一个的医学奇迹，吴孟超做到了。

5. 为了更好地展现中国肝脏外科的真实水平，代表团的四人不惜加班，充实自己，最终获得了专家们的肯定。吴孟超对本民族的情感让每个人都为之折服。吴孟超的贡献让世界了解了中国，也让中国走向了世界。当一个人在国外时，代表的是自己国家的形象，不论我们做什么都要以国家的利益为重。

6. 吴孟超常对学生说：“病人没有高低贵贱之分，医生没有挑选和应付病人的权利，只有为他们解除病痛的义务。我们不能欺骗，更不能欺诈他们。对病人要有信心、耐心、爱心、细心。”当一个人全神贯注地做他喜爱做的事情时，是很开心的。吴孟超从拿起手术刀、走上手术台的那天起，看到一个个康复者露出久违的笑容，常常发自内心的高兴。“在医生这个岗位上，我感悟到了生命的可贵、责任的崇高、人生的意义。”吴孟超如是说。

7. 吴孟超年近九旬仍然坚持亲自上台手术，可他觉得还有太多太多的事情需要抓紧去做。“特别是当前，我国的肝癌治疗主要靠手术，基础研究、药物研究还有许多难关，迫切需要突破。只要肝癌这个人类健康的大敌存在一天，我就要和我的同行们与它斗争一天。为人民群众的健康服务。”这是他从医时作出的承诺，他也用一生履行了这个承诺！

8. 病人眼中的神医就是让病人痛苦最少、花钱不多、时间不长、把病治好。在手术中，做8厘米的口子能够完成的，吴孟超院士绝对不会做9厘米长，因为增加1厘米的长度就会给病人增加疼痛。只有必须时，吴老才会从生命安全的角度出发考虑是否用昂贵的高技术设备。当治疗效果相同时，他宁愿选择传统的办法，宁可自己麻烦一点，辛苦一点，尽量减低治疗费用。我们从吴孟超身上看到的是中国医疗界的良心和光明。他热忱，救死扶伤，用全部的精力践行一名医务工作者的仁爱情怀，被患者誉为白求恩式的好大夫。

9. 只要吴孟超的身体没有问题，他就一直会出现在手术台上，为病人解除痛苦，这是他做医生的本分。吴孟超说："作为一名医生和老师，看病、治病、做学问、带学生，是我的本职工作。"其实，无论是医生，还是从事其他职业，一定要有职业道德，每个人都要有高尚的品德，争取为这个社会多作贡献。吴孟超作为一名医术精湛的医生、一个信念坚定的军人、一个品行高洁的老人、一位本色不改的学者，他把自己的一生都献给了医学事业。他的先进事迹深深感动着我们，激励着我们。我们以后也应在自己的学习和工作岗位上，不计名利、脚踏实地、最大化地实现自己的人生价值。

科学思想与启示

科学研究过程中不要怕未知的世界，要有好奇心和探索精神，要培养自己的灵感和动手操作能力，要善于利用机会，因为机会只给有准备的人。一个人做任何事都要不怕苦、不怕累，要有强烈的责任感，更要德行兼备，这样才能成为社会所需要的人才。

光阴易逝，我们不能浪费青春，把人生想象成只有三天，或许，我们就会有动力去为我们的明天努力拼搏。今天，商品社会给我们的生活带来了很大的冲击力，很多人追求着名利。但凡是有成功事业的人都是淡泊明志，追求宁静致远的生活，拥有自己的个人追求的人。在当今的经济社会中，一些年轻人想一夜暴富、一夜爆红，凡事总想走捷径，只知道索取，不知道付出，结果是一事无成。人在实现自我价值的过程中，学习是必要的，运用所学造福社会才能体现人生的价值所在。

二十二、生物界的魔术师
——光合作用

科学事件

对于人们来说，“光合作用”一词太熟悉了，无非是吸收二氧化碳，释放氧气。那么，光合作用真的就这么简单吗？那一片片小小的绿色叶子后面到底藏着什么样的秘密呢？光合作用是一个什么样的过程呢？它又是怎样被人们发现的呢？让我们一起去寻找吧！

范·埃尔蒙实验

古希腊哲学家亚里士多德认为：植物生长所需的物质全部来源于土壤中。

1627年，荷兰人范·埃尔蒙做了盆栽柳树称重实验，得出植物的重量主要不是来自土壤而是来自水的推论。但他没有认识到空气中的物质同样参与了有机物的形成。

海尔蒙特实验

比利时科学家海尔蒙特（Jan Baptist van Helmont，1580—1644）出于对亚里士多德观点的怀疑，做了类似范·埃尔蒙的实验：将一棵重2.5 千克的柳树苗栽种到一个木桶里，木桶里盛有事先称过重量的土壤。以后，他每天只用纯净的雨水浇灌树苗。为防止灰尘落入，他还专门制作了桶盖。5年以后，柳树增重80多千克，而土壤却只减少了100克，海尔蒙特为此提出了植物的重量主要不是来自土壤而是来自水的观点。同样他也没有考虑到空气的作用。这就是著名的“柳树实验”。

1771年，英国的普里斯特利（J. Priestley，1733—1804）发现植物可以恢复因蜡烛燃烧而变坏了的空气。他做了一个有名的实验，他把一支点燃的蜡烛和一只小白鼠分别放到密闭的玻璃罩里，蜡烛不久就熄灭了，小白鼠很快也死了。接着，他把一盆植物和一支点燃的蜡烛一同放到一个密闭的玻璃罩里，他发现植物能够长时间地活着，蜡烛也没有熄灭。他又把一盆植物和一只小白鼠一同放到一个密闭的玻璃罩里。他发现植物和小白鼠都能够正常地活着，于是，他得出了结论：植物能够更新因蜡烛燃烧或动物呼吸而变污浊的空气。但他并没有发现光的重要性。

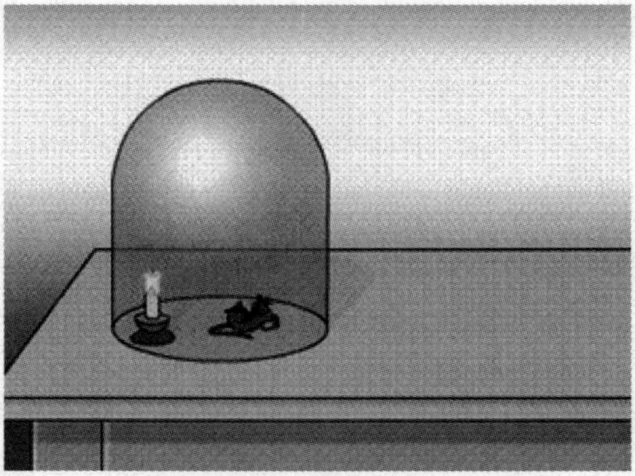

普里斯特利实验

1773年，荷兰的英格豪斯证明：在光的作用下，只有植物的绿色部分才能起到使空气变好的作用。

1774年，英国的普里斯特利发现：绿色的植物会制造和释放出氧气。

1782年，瑞士的瑟讷比埃发现：即使植物没有受到阳光照射，照样会释放出二氧化碳。

1785年，随着空气组成成分的发现，人们才明确绿叶在光下放出的气体是氧气，吸收的是二氧化碳。

1864年，德国的萨克斯发现光合作用能够产生淀粉。他做了一个试验：把绿色植物叶片放在暗处几个小时，让叶片中的营养物质消耗掉，然后把这个叶片一半曝光，一半遮光。过一段时间后，用碘蒸汽处理遮光的部分没有发生颜色的变化，曝光的那一半叶片则呈深蓝色。这一实验成功地证明绿色叶片在光合作用中产生了淀粉。

1880年，美国的恩格尔曼发现叶绿体是进行光合作用的场所，氧是由叶绿体释放出来的。他把载有水绵（水绵是多细胞低等绿色植物，其细而长的带状叶绿体螺旋盘绕在细胞内）和好氧细菌的临时装片放在没有空气的黑暗环境里，然后用极细光束照射水绵。通过显微镜观察发现，好氧细菌向叶绿体被光照射的部位集中。如果上述临时装片完全暴露在光下，好氧细菌则分布在叶绿体所有受光部位的周围。恩格尔曼的实验证明了氧气是从叶绿体中释放出来的；叶绿体是绿色植物进行光合作用的场所。

1883年，德国的英吉曼运用三棱镜将太阳光折射出各色光，照射丝状海绵。一段时间后放入好氧细菌，发现植物在红光与蓝光区释放了较多氧气。

1897年，“光合作用”首次在教科书中出现。

1957年，美国科学家经过十多年的研究，第一次描绘了光合作用碳循环的机理，并获得1961年诺贝尔化学奖。

20世纪30年代，科学家已发现绿色和紫色的细菌能把光能变为化学能，光合细菌已作为生物固氮肥施在农作物上，以达到增产的目的。通常人们认为，光合作用总是与植物有关，法国科学家发现蚜虫或许也能从光线中获取能量，进行光合作用。先前有研究发现，蚜虫是已知唯一能自己合成类胡萝卜素的生物。植物的类胡萝卜素会像叶绿素那样进行光合作用。

据统计，绿色植物通过光合作用，每年可将1 500亿吨二氧化碳和600亿吨水转化为1 000亿吨营养物质。可见，光合作用对于人类而言是多么重要。绿色植物的光合作用是地球上所有生命有机体生长、繁殖、发展的源泉。叶子是植物进行光合作用的器官。

尽管，光合作用的发现至今已有几百年的历史，先后有多位科学家获得诺贝尔奖，但科学家坦言，要解开绿色工厂的全部谜底还需要很长的路要走。

事件解析

1. 科技要进步，首先要有怀疑的精神。范·埃尔蒙是当时有名的科学家，他的观点也不是全部都正确。我们不要畏惧权威，要用事实说话。一项研究只有不断经过后人的修改，才能够达到完善。

2. 科学之路是不平坦的，光合作用研究之路经历了几百年，还没完全解开谜底。正是由于光合作用这么神秘，才吸引了大批的科学家为此奉献一生。

3. 研究光合作用，对农业生产、环保等领域起着基础指导的作用。了解光合作用的机理，可以更好地美化、净化环境。当了解到光合作用与植物呼吸的关系后，人们就可以更好地布置家居植物的摆设。比如晚上就不应把植物放到室内，以避免因植物呼吸而引起室内二氧化碳浓度增高，这样才能更好地为我们的生活服务。

4. 光合作用的发现历程不是一个科学家的成果，它是很多科学家集体的结晶。由此可见，大成功是小成功的积累。

科学思想与启示

大科学家爱因斯坦曾说过，成功秘诀，A=X+Y+Z。其中，A 代表成功，X 代表艰苦的劳动，Y 代表正确的方法，Z 代表少说空话。任何一项研究发现要想取得成功，都必须要付出艰辛的努力并具有持之以恒的精神。

所以，在科学研究的道路上，要想完成一个实验，需要研究者有缜密的思维和足够的勇气，要磨炼召唤成功的力量。在困难和挫折面前，能够勇于面对并敢于战胜自己，最终你一定能赢得精彩和光环。

二十三、细胞生命的催化剂
——酶的发现

科学事件

五千多年前，中国就开始利用发酵法制作饮料。夏禹时期，酿酒已经出现。人们常喝的酸奶也是靠天然发酵酿制而成的。在保加利亚生活的色雷人过着放牧的生活，他们身上常背着皮囊，里面装着羊奶。由于外界的气温和身体的温度，皮囊内的羊奶常常变酸。他们要喝时，就可以把它倒出来喝。这就是最早的酸奶。这就用到了发酵的原理。

虽然人们对发酵的本质并不了解，但是利用自然发酵现象制成了各种发酵产品，例如酱油、醋、面包等。菌种是天然的，制作技术也是靠经验传授的，产品很容易受到杂菌的污染，人们对此感到很困惑。1680年，荷兰布商列文虎克在放大了270倍的显微镜中首先发现了微生物。这些微生物来自何处，成为人们最关心的问题。

1752年，法国物理学家列奥米尔用鹰做实验对象，让鹰吞下几个装有肉的小金属管，管壁上的小孔能使胃内的化学物质作用到肉上。当鹰吐出这些管子的时候，管内的肉已有部分被分解了，而管中却增加了一种淡黄色的液体。

1777年，苏格兰医生史蒂文斯从胃里分离出一种液体（胃液），并证明了食物的分解过程可以在体外进行。

1836年，德国博物学家施旺把氯化汞加到胃液里，生成一种白色粉末。除去粉末中的汞化合物，把剩下的粉末溶解，得到了一种浓度非常高的消化液，他把这种粉末叫作胃蛋白酶。从此，解开了胃的消化之谜。

法国微生物学家路易·巴斯德自幼勤奋好学，生活中聪明伶俐，颇具艺术天分，人们期待他成为一名画家。然而，19岁时他却放弃了绘画，把全部的心思投入到科学研究的事业中。他以著名的酒曲瓶实验证明了发酵原理，彻底推翻了自然发生说。巴斯德还提出防止酒变质的加热灭菌法，被后人称为“巴斯德灭菌法”，他也被称为“发酵之父”。德国化学家李比希却坚持认为引起发酵的是酵母细胞的某些物质，但这些物质只有在酵母细胞死亡并裂解死亡后才发挥作用。

路易·巴斯德

1897年，德国化学家毕希纳用实验结束了“发酵之争”：他用石英砂研磨酵母细胞，加水搅拌、过滤，得到不含酵母细胞的提取液。在这些液体中加入葡萄糖，一段时间后，冒出气泡，葡萄糖液居然变成了酒。他发现，这种液体依然能够像酵母细胞一样完成发酵任务。因此，“酶”这个词现在适用于所有的酵素，而且是使生化反应的催化剂。毕希纳虽然从细胞中获得了含有酶的提取液，但是提取液中还有其他物质，他无法直接对酶做出鉴定。酶究竟是一种什么物质呢？这深深吸引着科学家，因而，他们就开始设法将酶分离出来。可是，在细胞和其他天然物质内，酶的含量非常小，而且所得到的含酶的提取液都是混合物，分离提纯相当困难。尽管如此，科学家对酶的研究兴趣丝毫也没有减退。

1917年，美国科学家萨姆纳试图从豆种子中提取酶。他经过不断的尝试，经历了很多失败之后，终于在一个清晨，在丙酮做溶剂的提取液中出现了结晶。他用多种方法证明了这种物质是蛋白质，并因此获得了诺贝尔化学奖。现今分离出来的酶已经有100多种，它们都属于蛋白质。

20世纪80年代，美国科学家切赫和奥特曼发现少数 RNA 也具有生物催化功能。

由于酶的运用很广泛，优点非常多，科学家就想能不能把酶从生物体中分离出来，催化一些重要的化学反应。于是，酶工程应运而生。

事件解析

1. 在人类历史的长河中，真理是相对的，科学是不断发展的，科学发现在不同的历史阶段也会不断地被更新，甚至被推翻而重建。一个科学结论只有在不断地修正中才可能成为不可动摇的真理。

2. 自19世纪中叶以来，世界大部分地区人口的寿命都有所增加，这其中的大部分功劳应归功于巴斯德。巴斯德不仅是世界历史上最有影响力的科学家，也是最值得我们尊敬的人之一。

3. 萨姆纳历时9年，才成功分离出蛋白质结晶，并用多种方法验证丙酮溶剂中含有蛋白质。在科学研究的历程中，萨姆纳面对困难，不畏艰苦，经过不懈的努力，最终完成了他科学研究的夙愿，这是他成功的真正原因。

4. 一个人是势单力薄的，只有通过合作才能取得较大进步。

科学思想与启示

路易·巴斯德曾说过："告诉你使我达到目标的奥秘吧，我唯一的力量就是我的坚持精神。"每个伟人都有为了自己事业不屈不挠的精神，这是值得我们学习的。相信坚持的力量，就像一句歌词里唱的那样："没有人能随随便便成功。"相信自己，只要有付出，肯坚持，找到对的方向，就会有收获。

科学的力量是很神奇的，生活中很多问题看似好像很复杂，但用科学来解释它的原理，那些看似复杂的真相，通过科学阐述，言简易懂，这就能够让更多的人领略到科学的魅力所在。科学的启示就藏在生活的细微之处，让我们发现科学，爱上科学吧！

在科学研究中，科学家的工作就是无私地奉献。一个重大的科学发现可能要经历很多个历史阶段，而每个阶段的研究都要付出心血和汗水，虽然不一定收获到属于自己的研究成果，但可能成为下一个研究历史阶段研究者的基石。所以，我们不要忘记那些没有获奖、没有成名而为科学研究作出巨大贡献的科学工作者们，他们永远值得我们尊重和怀念。

二十四、生命的解读者

——细胞学说的创立

科学事件

1665年，英国科学家罗伯特·胡克（R. Hooke）使用荷兰人列文虎克发明制作的显微镜观察软木塞切片，首次发现蜂窝状的植物细胞。这为后来施莱登、施旺建立细胞学说奠定了基础。

施莱登

施莱登（Matthias Jacob Schleiden），出生在德国的一个医生家庭里。中学毕业以后进入海德堡大学学习法律，1826年获得了博士学位以后，他选择了律师的职业，回到汉堡开始了他的律师生涯，但几年下来没有取得什么成就。工作的不顺利使他感到厌倦，精神长期处于忧郁状态，甚至在1831年企图自杀，但没能成功。经过一段时间的思考，他决定放弃这个令他苦恼的律师职业并于1831年进入哥廷根大学学习医学，当时他已经27岁，这也是他初次接触生物科学。到了1835年，施莱登相继在柏林大学和耶拿大学学习医学与植物科学，直到1839年，他才在耶拿大学获得博士学位。从这之后，他对植物学发生了浓厚的兴趣，他开始在耶拿大学教授植物科学，并开始了对自然科学的研究。施莱登之所以对植物生理学以及组织学感兴趣，很大程度是受到他的叔父（植物生理学家）以及R. 布朗（布朗运动和植物细胞核的发现者）的影响。施莱登在柏林大学读书期间，他们两人曾教导施莱登多注意从组织学的角度研究植物。

在一次聚会上，施莱登把还未公开发表的《植物发生论》中对有关植物细胞结构的情况，以及细胞核在细胞发育中的重要作用等方面的认识告诉了同在缪勒实验室工作的施旺，引起了施旺的兴趣。

施旺

施旺（Schwann Theodor），生于莱茵河畔的诺伊斯，父亲是一名金匠。从少年时代起，内向的性格使施旺对宗教产生了强烈的兴趣。16岁时，他辞别故乡，进入位于科隆的耶稣教会学院学习宗教。在学院中，施旺接触了关于人与自然的奇特现象的描述，他觉得自然界和人类的发展体现了一个自身逐渐完美的过程。为了论证这个规律，施旺离开教会学院，到大学中去学习医学，1834年获得博士学位后，他成了著名生理学家缪勒的助手。在缪勒的指导下，他对较多的学术领域产生了兴趣。他曾研究过组织学、生理学、动物学、微生物学，并作出了不少贡献。例如，他曾发现胃蛋白酶；他还发现了神经纤维周围的纤维细鞘，后来该纤维细鞘被称为“施旺神经鞘”。

与施莱登的会面，使施旺猛然想起从前在观察蝌蚪背部的神经索细胞和软骨细胞时，发现它们都具有细胞膜、细胞质和细胞核。这时，他便意识到，也许在植物体中起着基本作用的细胞，在动物体内也有着相同的作用。为确认自己的想法，并对一些特化的组织，如上皮、蹄、羽毛、肌肉、神经等组织进行了研究，得到的结论是：无论什么组织，尽管它们在功能上是不同的，但它们都是由细胞发育而来或是由细胞分化的产物。1837年，施旺与施莱登的相遇，使细胞学说扩展到了动物界。

1839年，施旺在《关于动植物的结构和生长一致性的显微研究》一文中，提出了他从动物科学的角度得出的细胞学说：细胞是构成动物的基本单位，动物细胞的基本构成大体相同，虽然不同动物细胞的作用不见得相同，但各种细胞的发生是相似的。动物和植物一样，也是由细胞组成的；植物细胞和动物细胞一样，都含有细胞膜、细胞内含物和细胞核。

现今的细胞学说包括三方面内容：细胞是一切多细胞生物的基本结构单位，对单细胞生物来说，一个细胞就是一个个体；多细胞生物的每个细胞为一个生命活动单位，执行特定的功能；现存细胞通过分裂产生新细胞。

细胞学说将植物学和动物学联系在一起，论证了整个生物界在结构上的统一性，以及在进化上的共同起源，有力地推动了生物学向微观领域的发展。细胞学说的提出引起了学术界的高度关注。尽管有人曾对细胞学说提出异议，但这种异议很快就销声匿迹了。短短几年内，细胞学说受到了很大的赞誉。恩格斯将它列为19世纪自然科学三大发现之一。

1950年，苏联科学家勒柏辛斯卡娅提出了“新细胞学说”。她认为细胞起源于生活物质；不具备细胞形态的“生活物质”，在一定条件下都可以演发为细胞。她的主要实验根据是：磨碎了的水螅细胞能重新演发成细胞；鸟卵营养物质的卵黄球能演发成细胞；动物创伤愈合时，由“生活物质”形成了新的细胞等。也就是说，细胞不仅可以通过细胞分裂的方式进行繁殖，还可以通过不具备细胞形态的“生活物质”进行繁殖，例如解体了的细胞的“生活物质”可形成细胞。这个学说，曾一度被苏联和我国科学家所接受。但科学家们在重复勒柏辛斯卡娅的实验时，并没有得到相同的结果。于是，从1953年起，在苏联展开了讨论，得出“新细胞学说”是一项没有得到实验证实、名不符实的伪科学。

事件解析

1. 施莱登的个性，使得他具有反传统、勇于创新的精神，聪敏好学和过人的精力及能力，使他从理论和方法上为推动植物科学作出了重要的贡献，并使他成为细胞学说的创立者。施旺内向、沉稳、虔诚并且勤奋，在性格上正好与施莱登相反。有趣的是，两个性格迥异的人竟能建立密切的关系并很好地合作，这是细胞学说能够建立的一个重要原因。

2. 从罗伯特·胡克发现细胞到施莱登、施旺建立细胞学说，看似只有一步之遥，科学家却花了170年才把它走完。科学发现的过程是长期的，涉及许多科学家的辛勤劳动；学说理论也并不是一成不变的，而是需要不断地修正和发展的。

3. 细胞学说的提出与达尔文的进化论、能量守恒定律并列为19世纪自然科学的三大发现，这绝非偶然。正是由于科学巨人身上锲而不舍的品质，坚忍不拔、永不言弃的探究精神，以及强烈的创新意识，才有了这三大理论的提出。这些品质和精神都应成为现代教育培养学生的目标。

4. 从苏联科学家勒柏辛斯卡娅的研究可以看出，科学家的观点并非全是真理，还必须通过实践验证。同时，科学发展和技术的发展有很大的关系，技术的进步可以更好地促进科学的发展。细胞学说的建立也得益于显微技术的发展。

科学思想与启示

科学工作者在科学的道路上，必须做到：

要有远大的人生理想，要有人生的追求；

要有一双善于观察、发现问题的眼睛；

要有一个思维敏捷、善思善学的大脑；

要有坚定的科学信念、勇攀知识之巅的凌云壮志；

要有踏踏实实、本本分分、兢兢业业的人生品格，因为好的品格是做任何事情都必须具备的要素。

二十五、最有成就的"差生"

——约翰·伯特兰·格登对克隆技术的贡献

科学事件

1933年10月，约翰·伯特兰·格登（John Bertrand Gurdon）出生于英国。他中学毕业于伊顿公学。中学毕业后到牛津大学基督学院开始大学生涯，开始学习经典学，后转入动物学专业。格登在牛津大学完成博士课程后，到美国加州理工学院进行博士后工作。格登在伊顿公学读书时只有15岁，其生物学成绩竟在全年级250名学生中排在最后一名。其他理科成绩在全年级垫底。当时的老师断言他绝不可能成为科学家。可是，2012年，他却成为诺贝尔生理学或医学奖的获得者，一举成为他同时代最伟大的科学家之一。

约翰·伯特兰·格登

一直以来，人体干细胞都被认为是单向地从不成熟的细胞发展为专门的成熟的细胞，生长过程不可逆转。然而，格登和山中伸弥教授发现，成熟的、专门的细胞可以重新编程，成为未成熟的细胞并进而发育成人体的所有组织。卡罗林斯卡医学院的新闻公报称，两位科学家的发现彻底改变了人们对细胞和器官生长的理解。教科书因之改写，新的研究领域被建立起来。通过对人体细胞的重新编程，科学家们创造了诊断和治疗疾病的新方法。

由于格登读中学时学习成绩很差，他中学时的一位男老师加德姆曾对他这样评价："我相信他有成为科学家的志向，但以他现在的表现来看，这真是万分的荒谬可笑。"这位教师还称，格登无法明白最简单的生物学事实，继续教他简直是浪费彼此的时间。

1958年，格登做了一个划时代的实验：把美洲爪蟾的小肠上皮细胞核注入去核的卵细胞，结果发现一部分卵依然可以发育成蝌蚪，其中的一部分蝌蚪还可以继续发育成为成熟的爪蟾。这是人类第一次从动物的体细胞中重新复制出一个新动物的技术，当1997年多利羊诞生之后，很多科学家争先进入这个领域进行不同的研究，这就是大家耳熟能详的“克隆技术”。而格登也因为1958年的这一实验而一举成名，被誉为“克隆之父”。那一年，格登刚好完成他的博士学位。

毫无疑问，格登用科学实验证明了他在生物科学研究中的创造性，从而有了克隆技术的产生。

事件解析

众所周知，教师对学生的鼓励和肯定对其未来的发展是非常重要的，可是15岁的约翰·伯特兰·格登在面对老师给他最差学生的评语时，并没有因此灰心，而将此作为鞭策自己前进的动力。在科学的研究中，格登具有坚持不懈的精神，敢于打破常规，他的研究最终证明了他的智慧，同时也推动了人类科学的进步！

格登虽然成绩差，不被老师和学校看好，但他仍然非常坚持自己的想法，他对生物学的热爱从来没有减少过。格登在多年前的一个采访中回忆称，自己少年时被生物学深深吸引，他甚至在学校养过上千只毛毛虫，并看着它们变成飞蛾，这在当时还引起老师的强烈反感。是兴趣，而不是成绩最终让格登在生物学领域化茧成蝶的。

科学思想与启示

成功的科研工作者并不一定是奖学金的获得者。科学研究的重大发现，需要扎实的基础知识，同时也需要灵活的大脑和优秀的综合素质。

学习成绩并不是衡量个人发展的唯一标准，这是当代教师、家长乃至学生都应该明白的道理。作为教师，不但不要放弃学习成绩差的学生，更重要的是要通过敏锐的观察，发现人才，挖掘人才，对具有潜质的学生应该因材施教，培养兴趣；作为学生，无论学习成绩如何，都不要放弃自己的梦想，以自身的兴趣为出发点，明确自己的前进目标，踏踏实实地学习，坚持不懈地努力工作，相信伊甸园就在不远处！

二十六、缜密思考，乐于探索
——生长素的发现

科学事件

在欣赏“春色满园关不住，一枝红杏出墙来”时，在思考向日葵为什么向着太阳时，你是否会好奇，为什么这些美丽的花儿会探出头来呢？这个谜团的解开源于下面这些科学家的研究。

最早的研究应追溯到19世纪末，达尔文在野外考察时，通过对植物生长的观察，注意到了植物的向光性，并针对植物这个生长特性设计了两组实验来探讨其中的原因。

第一组实验：用单侧光照射植物胚芽鞘，胚芽鞘会向光弯曲生长；切去顶端后再照射，胚芽鞘既不生长，也不弯曲。

分析：该组对照实验的自变量是胚芽鞘有无尖端，因变量是胚芽鞘的生长弯曲情况，两者之间建立的联系是：有尖端的胚芽鞘在单侧光下能够向光弯曲生长，无尖端的胚芽鞘在单侧光下既不生长也不弯曲，通过比较即可得出胚芽鞘的生长弯曲与尖端有关的结论。

第二组实验：在胚芽鞘尖端罩上不透光的锡箔小帽，胚芽鞘就会直立生长；在远离尖端的胚芽鞘下面围上不透光的锡箔，胚芽鞘就会向光弯曲生长。

分析：该组对照实验的自变量是胚芽鞘尖端能否感光，因变量是胚芽鞘的弯曲生长情况，两者之间建立的联系是：如果胚芽鞘尖端不能感光的话，胚芽鞘会直立生长，否则向光弯曲生长，通过比较即可得出感光部位在胚芽鞘尖端的结论。

达尔文同时还观察到，植物生长的部位不是尖端，而是尖端下部伸长区一段，通过这一现象再结合上面得出的两个结论自然会产生这样的疑问：为什么尖端会影响到下部生长弯曲呢？为了解释该问题，达尔文做出如下推测，第一种推测：尖端不生长而下部生长是因为尖端产生的某种影响传递到下部；第二种推测：胚芽鞘在单侧光下弯曲生长是因为背光一侧生长得快。

为了证实达尔文所做出的推测，1910年和1914年詹森和拜尔分别做了实验。

詹森的实验：

将胚芽鞘顶端切开，其中接上一块不能让化学物质通过的云母片，胚芽鞘便失去了向光性；用一块可以让化学物质通过的明胶片插入切开部位，胚芽鞘仍然可以向光弯曲生长。

分析：该组对照实验的自变量是尖端与下部联系是否被阻断，因变量是胚芽鞘的生长弯曲情况，两者之间建立的联系是：如果胚芽鞘尖端与下部联系被阻断的话，胚芽鞘既不生长，也不弯曲；如果胚芽鞘尖端与下部联系没有阻断的话，胚芽鞘向光弯曲生长，通过比较即可得出下部生长是因为尖端产生某种影响传递到下部的结论，从而证明了达尔文的第一种推测是正确的。

拜尔的实验：

拜尔将切下的胚芽鞘尖端放在胚芽鞘切面的一侧，不照单侧光，胚芽鞘会向放置胚芽鞘尖端的对侧弯曲生长。

分析：该组对照实验的自变量是尖端放置的位置，因变量是胚芽鞘弯曲生长的方向，即向放置胚芽鞘尖端的对侧弯曲生长，从而得出胚芽鞘弯曲生长是因为尖端产生的影响在其下部分布不均匀所致，证明了达尔文的第二种推测是正确的。

詹森和拜尔的实验除了能证明达尔文所做推测的正确性外，也可以初步证明胚芽鞘尖端产生的这种影响可能是由某种化学物质造成的。1928年，温特通过实验进一步证实了这一结论的正确性。

温特的实验：

实验一：用胚芽鞘尖端处理过的琼脂块放在切去尖端的胚芽鞘切面一侧，胚芽鞘向对侧弯曲生长；

实验二：将未处理过的琼脂块放在切去尖端的胚芽鞘切面一侧，胚芽鞘既不生长，也不弯曲。

分析：该组对照实验的自变量是琼脂块是否接触过胚芽鞘的尖端，因变量是胚芽鞘的生长弯曲情况。通过实验一可得出的结论是：胚芽鞘生长弯曲可能是尖端产生的化学物质分布到琼脂块中，促进胚芽鞘生长弯曲，也可能是琼脂块本身促进胚芽鞘生长弯曲。实验二排除了琼脂块促进胚芽鞘生长弯曲的可能性，从而证明了胚芽鞘尖端产生的这种影响的确是化学物质。因为该物质具有促进生长的作用，他把这种物质命名为生长素。同时也证明了胚芽鞘弯曲生长是生长素在植物体内分布不均匀所致。

生长素到底是一种什么样的化学物质呢？科学家继续探索：

1931年，科学家首先从人体尿液中分离出具有生长素效应的化学物质，证明该物质为吲哚乙酸（IAA）。

1942年，科学家从高等植物中分离出生长素，确认该物质就是IAA。这以后，科学家们通过不懈的努力和进一步的研究，陆续发现了其他具有生长效应的物质：苯乙酸（PAA）、吲哚丁酸（IBA）等。从而得出生长素不是只有吲哚乙酸（IAA）一种，它是一个家族，是由多种具有生长效应的物质组成的。

“植物生长素发现”的探索历程：

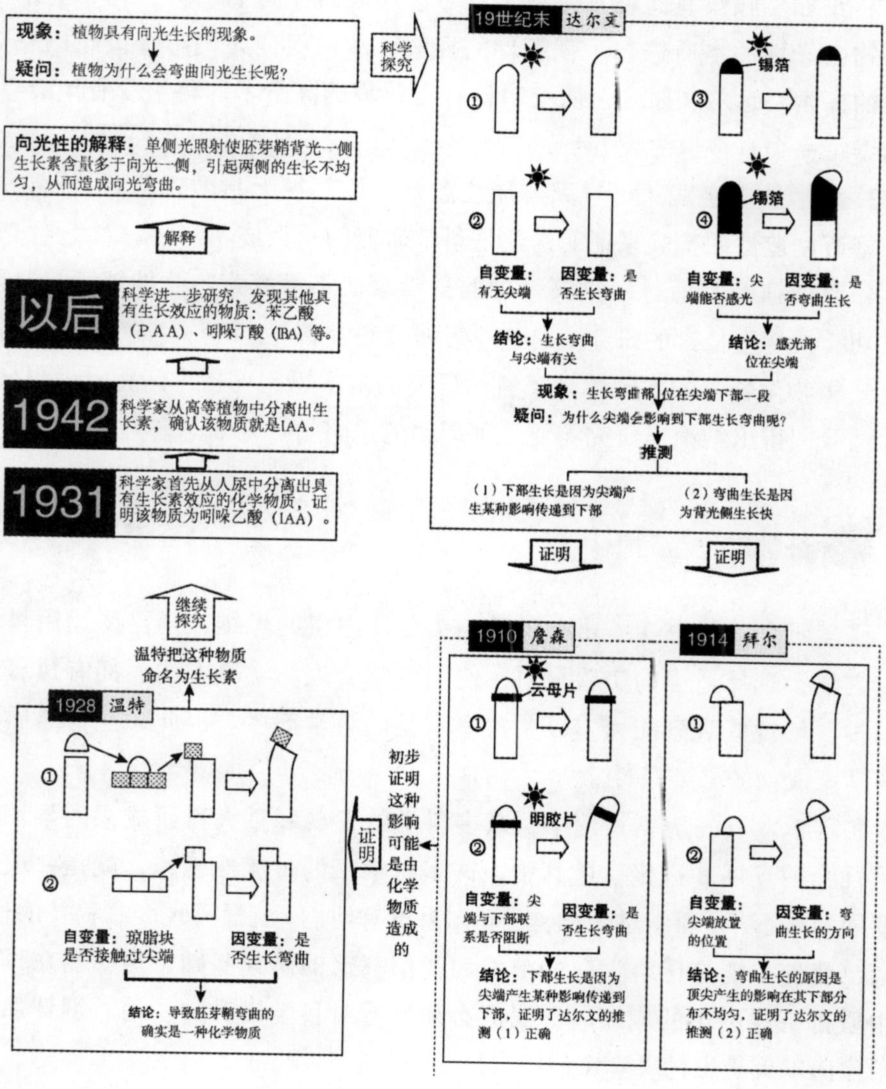

事件解析

1. 达尔文认识到了用胚芽鞘做实验材料的优越性。胚芽鞘伸出后，细胞以伸长为主，很少进行细胞分裂，这就避免了在研究一种生理活动时，受另一种生理活动的干扰，为解释生长素促进细胞生长的原理取得令人信服的实验证据创造了条件。所以，对实验方法和材料的选择，是科学实验成功的第一步。

2. 正如牛顿没有忽略苹果落地的本质而发现了万有引力一样，达尔文也对植物向光性的本质进行了创新性的探索，从而促使人们半个世纪以来对生长素的探索。达尔文做这个研究时已经是71岁的高龄了。科学没有年龄界限，它属于每一个有梦想的人。

3. 科学注重实践。科学家总能注意到人们熟视无睹的现象，并设计简单而又富有创造性的实验来证明，这是科学研究的一大成功。

4. 科学研究是通过一批又一批的科学家的不懈探索，才能够一步一步接近成功。植物生长素的研究就是这样慢慢变得完善。

5. 植物生长素的发现体现了科学研究的基本思路：提出问题，做出假设，设计试验，得出结论。研究需要一种严谨的思路。

科学思想与启示

科学研究过程中除了要有科学的头脑和缜密的思维，还需要运用科学的研究方法，选择适当的实验材料，使用科学合理的实验方法，拥有执着的钻研精神，敏锐的观察能力，以及实事求是的科学态度。因此，优秀品质是一个科学家成功的必要条件。

在科学发展的历史长河中，众多科学的发现和重大科研成果的累积，推动了社会的发展和进步。这其中，许多科学家的过渡性工作，就是一块块科学发展的基石，是科学进步的推手。如果没有他们，就没有现今高科技的进步。所以，我们不能忘记科学界的前辈为我们奠定的研究基础，当我们在科学研究中取得一点小小的成绩时，我们必须怀着对科学崇敬的心情，缅怀那些为科学作出巨大贡献的科学家们！

二十七、知识铸就高度

——细胞质在性状遗传中的作用

科学事件

童第周（1902—1979），字蔚孙，浙江鄞县人，中国胚胎学及发育生物学家。1930年毕业于上海复旦大学生物系，1934年在比利时布鲁塞尔大学获哲学博士学位。曾参与山东大学及中国科学院海洋研究所、动物研究所等单位的教学、科研工作，曾任中国科学院生物学部主任、副院长等职务。

童第周出生在浙江省鄞州区的一个小村里，家境十分贫困，没有钱进学校读书，只能在家里边做农活，边跟父亲学点文化。直到17岁，他才在二哥的帮助下，进了宁波师范预科。可是因为第一学期考试成绩总平均分没有及格，学校让他退学或降级，经童第周再三请求，学校勉强答应他再试读半年。童第周发誓，一定要把成绩赶上去。之后，童第周通过努力和勤奋，终于取得了好成绩进入上海复旦大学学习。童第周上大学之后，更加勤奋，临近毕业时，他已经成为生物系的佼佼者了。通过学习，童第周认识到世界上没有天才，“天才”不过是用勤奋和坚持换来的称呼而已，要想在科学的领域里创造奇迹，作出贡献，不但要克服重重困难和险阻，还要付出艰苦的努力。

从20世纪40年代至50年代初，童第周对海鞘进行了研究，并证明了海鞘胚胎发育中有些组织器官是有可塑性的，纠正了过去一些学者认为其发育属于严格镶嵌型的见解。他还在鱼类早期发育的实验研究中，证明了鱼卵受精后原生质向动物极流动，其组织中心在受精后不久就建立起来了。这一现象，可能在脊椎动物的发育中具有普遍意义。在这期间，他通过对两栖类胚胎纤毛运动的研究，确定了纤毛运动方向对中胚层组织的依赖性，后者可能是通过化学物质产生影响，由此，他探讨了胚胎组织的极性。

在50年代至60年代初，童第周带着对科学的尊重和勇攀科学高峰的信念开始进行关于文昌鱼发育的实验研究。由于文昌鱼在分类上的地位，其胚胎发育一向受到重视。过去曾认为其发育属于镶嵌型，如缺损其中一部分，就不能通过调整作用补充完善。但他用分离、置换分裂球等方法，证明了文昌鱼早期胚胎分裂球的发育命运是有一定的可塑性的。而且，分属于3个胚层的分裂球，在实验条件下可以通过细胞间的相互作用，发生不同程度的相互转化。此外，他还发现文昌鱼的胚胎发育中，具有与脊椎动物相似的诱导作用。这些研究，揭示了文昌鱼与脊椎动物在发育机制上的一致性，从而证明了文昌鱼在从无脊椎动物进化为脊椎动物过程中的重要地位。60年代初，他应用细胞核移植技术，把金鱼的细胞核移植到去细胞核的鳑鲏鱼鱼卵内，发现移核后幼鱼的早期性状似乎是根据细胞质而产生的。他把鲤鱼细胞核移植到去细胞核的鲫鱼受精卵内，发现卵发育到成体后有些性状介乎两种鱼之间。这两种情况都显示卵的细胞质对性状形成的影响。他还发现金鱼的细胞核移植到鳑鲏鱼鱼卵中，发育到一定时期再移回金鱼受精卵中，有时能产生鳑鲏鱼和金鱼杂交胚胎的性状，很可能是金鱼细胞核在鳑鲏鱼细胞质中短暂停留而造成的。他曾设想通过移植细胞核来进行育种：把两种不能杂交的鱼的优点结合起来，并使之遗传下去。他的研究，为动物育种提出了一个新的、可行的途径。

70年代以后，童第周开始注意用生物化学的方法研究核质关系。他与合作者还研究了核酸对金鱼性状的诱变作用，为了探索生物遗传性状的奥秘，童第周开始了新的探索。他选择了金鱼和鲫鱼作为他的实验材料。实验室里，童第周坐在实验台前，助手们在实验室里紧张地忙碌着，做着实验前的准备。童第周想通过这个叫作核酸诱导的试验来验证自己在科学研究上的设想。终于，金鱼排卵了，助手们把他们已经提纯过的鲫鱼卵的核酸，迅速送到童第周的手边，童第周将这些核酸注入金鱼受精卵的细胞质内。他的实验要了解两个问题：一是鲫鱼卵的核酸对金鱼的受精卵是否有影响；二是由这种金鱼受精卵长大而成的金鱼的性状是否会发生变化。

通过实验和观察，不久，由动过手术的母体而生产出的金鱼慢慢长大了，奇迹也出现了。童第周和他的助手们惊喜地发现，一些金鱼出现了奇妙的变化：在发育成长的320条幼鱼中，有106条由双尾变成了单尾，金鱼表现出鲫鱼的尾鳍性状！这些鱼既有金鱼的性状，又有鲫鱼的性状。这说明，从鲫鱼卵中提取的核酸对改变金鱼的遗传性状起着显著的作用。这也说明并不只是细胞核控制生物的遗传性状，细胞质也起着非常重要的作用。

实验的成功，证实了童第周的设想。童第周的脸上露出了成功的喜悦。这种单尾的金鱼就是诗人赵朴初所称誉的“童鱼”。它是童第周汗水、意志和心血的结晶，它的身上凝聚着童第周的智慧和求实精神，是童第周在探索真理道路上的一个里程碑。

后来，童第周还采用了亲缘关系更远一些的种类，来做类似的实验，也获得了成功，从而更有力地证实了他的设想。

他的科研工作始终贯穿着一条线索，这就是从卵子在受精前后的结构到细胞质与细胞核在发育中的相互关系，进而探讨细胞质在性状遗传中的作用。

事件解析

1. 在学生时代，当童第周面临困难和挫折时，他选择了面对而不是逃避和退缩。他抓住能够继续留校学习的机会，通过勤奋和努力，终于进入复旦大学学习。这件事情告诉我们一个道理：机会是自己争取来的，争取到的东西要学会珍惜。假若当时童第周自己不去争取而退学，假若在校长给予他机会后，他不珍惜，那么他就不可能有今天的成就。世界上没有天才，天才是用劳动换来的。要想攀登生物学的高峰，就需要付出更艰苦的劳动。

2. “认真是成功的秘诀，粗心是失败的伴侣。”这句话是生物科学研究的真实写照。生物科学的研究，需要缜密的思维和犀利的洞察力。有时候，一个微小的变化背后却蕴含着极大的科学秘密。要想揭开科学的秘密，我们就要细心、耐心地去探究。

3. 为了探索生物遗传性状的奥秘，年过古稀的童第周，一直没有停下他科学研究的脚步，不断探索新的科学奥秘。这种永不放弃的追求精神是我们每一个科研工作者都应该学习的。这个科技飞跃发展的时代，赋予了我们太多的使命，我们必须要有不断进取的上进心，不骄不躁，给自己一个定位，不断提升自我。

科学思想与启示

一个人在其个人发展的历程中，必须要有坚定的信念，无论遇到任何困难和挫折都要去勇敢面对，克服困难，吸取教训，总结经验，坚定不移地朝着预定的目标前进，终会达到自己的人生目标。克服困难，勤学努力必然会为自己的人生奠定扎实的基础。敢于确定目标进行新的探索，探究未知、挑战未来是每个成功者应该具备的高贵品质。选择一个发展自我、完善自我的机会，你就有可能成为机会的主宰者。尽管一些选择有可能失败，但每一次机会都可能会轻轻地打开你前进的大门，让你畅通无阻。科学发现永远属于有智慧的人。

二十八、针刺止痛，救济众生
——疼痛科的建立

科学事件

针灸学起源于中国，在三皇五帝时期，相传伏羲发明了针灸，他“尝百药而制九针”。由于针灸疗法具有独特的优势，疗效迅速、显著，操作方法比较简单，医疗费用经济，故远在唐代，中国针灸就已传播到日本、朝鲜等国。针灸是在中国历代特定的自然与社会环境中发展起来的科学文化知识，蕴含着中华民族特有的精神、思维和文化精华，应该得到更好的保护与利用。2010年11月16日，中医针灸列入“人类非物质文化遗产代表作名录”。

中国大约有一半的人经历过疼痛，有三分之一的人长期忍受着慢性疼痛，比如腰痛、痛经、颈椎痛。疼痛让那么多人忍受痛苦，能否应用针灸技术来改善疼痛患者的病痛呢？这里不得不提到一个人，他就是44年来以针灸学治疗疼痛的中国科学院院士韩济生。虽然韩济生院士现已年过八旬，但在为患者解除疼痛的研究道路上却从未懈怠过。

韩济生，浙江萧山人，神经生理学家，中国科学院院士，国际知名疼痛学家，我国疼痛医学的开创者。现任北京大学神经生物学系教授、博士生导师，北京大学神经科学研究所所长，中华医学会疼痛学分会主任委员，国际疼痛学会教育委员会国际顾问，国际疼痛学会中国分会主席等职务。1953年，韩济生毕业于上海医学院医学系，从事消化生理和循环生理方面的研究。当时，在国内应用针灸治疗一些疾病还是能够得到国人的认可，但是在国外并未得到公认。其原因是，“针灸一直在国际上存有争议，我们无法用西医知识解释它为什么可以这样做。所以要通过实验来解释它的道理。”韩济生如是说。1965年，韩济生接受周恩来总理的指示，与同事和学生一起，形成一个科研集体，从事针刺镇痛原理研究。

于是，韩济生开始天天在试验室里研究，观察记录了接近200名正常人和病人的针刺镇痛规律。他发现病人在扎针前忍受疼痛的时长只有2分钟，而针刺后，能提高1分钟左右。他们发现，在其中一个穴位上连续针刺30分钟后，不仅该穴位附近产生镇痛作用，而且全身都有明显效果。但是，将针拔出后，镇痛作用并非立即消失，而是减半。

这种现象让韩济生提出一个假设：针刺时，体内产生了具有镇痛作用的化学物质，为了验证这个假设，韩济生开始在家兔身上做实验，对甲兔进行针刺，将甲兔的脑脊液抽取注入乙兔的大脑，乙兔也产生了镇痛效果。韩济生确信：脑脊液里含有镇痛物质。后来发现，这些物质就是脑啡肽、内啡肽以及强啡肽等。针灸的原理就是不同频率的电刺激，可以释放不同的神经肽。扎针的时候，脑子里产生一种化学物质，具有镇痛作用，这个作用还可以传输到另外一个动物身上。这使韩济生非常高兴。当时，环境很艰苦，他们没办法分离和提纯脑脊液的微量物质。外国的科学家给实验动物做足底电击等引起脑啡肽释放，他们用针灸轻轻刺激穴位，就可以做到。

就这样，揣着沉甸甸的证据，韩济生在美国，用确凿的实验数据和相关的神经学理论，将针灸原理明明白白地解释了一遍。很多不承认针灸科学的人改变了偏见。回国后，韩济生根据针灸原理制作出一款“经皮穴位神经电刺激仪（HANS）”：只要把电极贴在穴位表面的皮肤上，通过电流进行刺激，就可以发挥作用，并运用于临床上。

然而，巨大的成功并未让当时已年过七旬的韩济生有丝毫放松，他把他的研究成果对准了戒毒这个领域。戒毒所、公安局以及吸毒人员告诉他，吸毒是一种“飘”的感觉，要想获得这种快感，只能不断加大剂量。韩济生仔细研究后认为，脑啡肽就像天然吗啡，可以帮助人们减轻毒瘾。由于吸毒人员长时间使用吗啡等药物，自身的脑啡肽分泌变得很少很少，如果通过电疗针灸，引起自身脑啡肽的分泌，就可使他们减轻毒瘾。这样一来，HANS 仪器就派上用场了。为了激励吸毒人能够有信心重新生活，韩济生掏出十多万元奖励这些成功戒毒的人。最初，100人中只有25人在一年后没有复吸。但这已经是一件很不容易的事情了，虽然不是百分之百，但凡能成功一个，就是为这个社会作出了非常大的贡献。

1987—2000年，韩济生院士连续13年获得美国国立卫生研究院（NIH）RO1科研基金，用以研究针刺镇痛原理。2004—2009年，他又获得 NIH 重点科研基金，并与哈佛大学合作研究针刺戒毒原理，其间兼任哈佛大学精神病学科兼职教授。2007年，他担任中国科技部《基于临床的针麻镇痛的基础研究（973）》首席科学家。在国内外杂志及专著上发表论文500余篇，编写中文专著9本，英文教科书1本。

韩济生不仅是学术上的大师，而且平易近人、随和自然。“求索、奉献”是韩老的座右铭。他的人生有两条线，一为做事，二为做人。做人以奉献为基点，做事以求索为动力，二者相互影响，相辅相成。人要有敢挑重担的自信，要有勇于攀登科学高峰的豪情。疼痛医学是一门新兴的边缘学科，担任中华医学会疼痛学分会主任委员的韩济生是这个领域的权威。在他的指导和支持下，赣南率先成立了疼痛门诊。目前，世界上有很多国家的医院先后成立了疼痛科，这也是韩济生院士对世界医学作出的巨大贡献。

事件解析

1. 选择自己喜欢的，喜欢自己选择的！任何事情，一旦选择了就要尽力去做，而且要做到最好；要么就干脆放弃，不要做！韩济生正是凭着这份坚忍惊人的毅力走向成功的！

2. 作为一名科学研究者，需要有一颗无私奉献的心。韩济生院士用40年的时光对针刺机理进行研究，使得我们国家的瑰宝——针灸学得到国际医学界和世界人民的认可，并首先在我国的医院建立了“疼痛科”。获得成功的韩济生不求名利、不计回报，断然将研究的成果推向了戒毒的领域，更让人感动的是，为了激励吸毒人有信心重新生活，韩济生掏出十多万元奖励这些成功戒毒的人。正如韩济生的名字一样：济世安民，普度众生。韩济生院士的科学研究态度和奉献精神值得我们当代科研工作者学习！

科学思想与启示

科学研究者不仅要有一个聪明的大脑，更应该具备一颗善良的心，具备一种为科学事业奉献的品质。“先天下之忧而忧，后天下之乐而乐！”正如高尔基所说的：“如果你在任何时候、任何地方，你一生中留给人们的都是些美好的东西——鲜花、思想以及对你的非常美好的回忆，那么你的生活将会轻松而愉快。那时你就会感到所有的人都需要你，这种感觉使你成为一个心灵丰富的人。要知道，‘给’永远比‘拿’愉快。”

韩济生院士40年如一日为医学事业上下求索、无私奉献的精神告诉我们：当我们为了公众的幸福而蔑视辛劳和艰难时，当我们为了国家和人民的利益贡献一切而使生命变得崇高时，我们的人生就会显得更加美好而动人。

参考文献

［1］［美］凯瑟林·库伦．生物学：站在科学前沿的巨人（科学先锋丛书）［M］．史艺荃译．上海：上海科学技术文献出版社，2011.

［2］［美］洛伊斯·N. 玛格纳．医学史（第2版）［M］．刘学礼译．上海：上海人民出版社，2009.

［3］［美］洛伊斯·N. 玛格纳．生命科学史（第3版）［M］．刘学礼译．上海：上海人民出版社，2009.

［4］［日］矢沢科学事务所．诺贝尔奖中的科学：生理学或医学奖卷［M］．王沥译．北京：科学出版社，2012.

［5］［英］W.C. 丹皮尔．科学史及其与哲学和宗教的关系［M］．李珩译．桂林：广西师范大学出版社，2009.

［6］董仁威．科学探索的先驱：100位诺贝尔奖获得者小传［M］．成都：四川科学技术出版社，2013.

［7］顾家山．诺贝尔科学奖与科学精神［M］．合肥：中国科技大学出版社，2009.

［8］郭豫斌．诺贝尔生理学或医学奖明星故事［M］．西安：陕西人民出版社，2008.

［9］钮卫星，江晓原．科学史读本［M］．上海：上海交通大学出版社，2008.

［10］诺贝尔奖得主青少年时代的教育研究课题组．诺贝尔奖得主的成功之路（生理学或医学篇）［M］．北京：社会科学文献出版社，2011.

［11］谈家桢．生命的密码［M］．长沙：湖南少年儿童出版社，2009.

［12］田战省．百年诺贝尔奖青少年阅读丛书（生理学或医学卷）［M］．长春：北方妇女儿童出版社，2010.

［13］王志均．生命科学今昔谈［M］．杭州：浙江人民出版社，1981.

[14] 王学新 . 探索生命的奥秘 [M] . 银川：宁夏人民出版社，2007.

[15] 姚敦义 . 生命科学发展史 [M] . 济南：济南出版社，2005.

[16] 周游 . 红白世界的无畏勇士：诺贝尔生理学或医学奖百年精粹 [M]. 武汉：湖北少年儿童出版社，2007.

[17] 朱长超 .20世纪科学发现纵横谈 [M] . 上海：上海人民出版社，2010.